まえがき

　新学習指導要領の改訂により、小学校で学ぶ内容は英語なども加わり多岐にわたるようになりました。しかし、算数や国語といった教科の大切さは変わりません。

　そして、算数の力を身につけるためには、学校の授業で学んだことを「くり返し学習する」ことが大切です。ただ、学校で学ぶことはたくさんあるけれど、学習時間は限られているため、家庭での取り組みが一層大切になってきます。

ロングセラーをさらに使いやすく

　本書「陰山ドリル　上級算数」は、算数の基礎基本を身につけ、さらに応用力を養うドリルです。

　長年、小学生や保護者の皆さんに支持されてきました。それは、「家庭」で「くり返し」、「取り組みやすい」よう工夫されているからです。

　今回、指導要領の改訂に合わせ、内容の更新を行うとともに、さらに新しい工夫を加えています。

陰山ドリル上級算数のポイント

・図などを用いた「わかりやすい説明」
・「なぞり書き」で学習でサポート
・大切な単元には理解度がわかる「まとめ」つき
・豊富な問題量で応用力を養う

　つまずきを少なくすることで「算数の苦手意識」をなくし、できたという「達成感」が得られるようになります。

　本書が、お子様の学力育成の一助になれば幸いです。

陰山英男・桝谷雄三

も く じ

大きな数 (1)

名前

1 日本の人口は、次の通りです。

1 2 5 1 2 万人 (2021年10月1日 総務省統計局)

一(億)	千	百	十	一(万)	千	百	十	一
1	2	5	1	2	0	0	0	0

① 読んでみましょう。
② 漢字でかきましょう。

(　　　　　　　　　　　)

2 億の位も一億、十億、百億、千億と10倍ごとに大きな位になります。次の数を読みましょう。

	千	百	十	一(億)	千	百	十	一(万)	千	百	十	一
①アメリカの人口				3	3	2	9	1	5	0	7	4
②世界の人口			7	6	7	6	9	6	5	0	0	0

(人)(国際連合より 2021年の推計)

(人)

3 0,1,2,3,4,5,6,7,8,9の10この数でどんな大きな数でも表せます。0～9の数を使って、千億の位の数をかきましょう。

(　　　　　　　　　　　)

－3－

大きな数 (2)

名前

1 千億の10倍を **一兆** といいます。兆の位も一兆、十兆、百兆、千兆と10倍ごとに大きな位になります。

次の数を読みましょう。

			千	百	十	一	千	百	十	一	千	百	十	一	千	百	十	一	
						兆				億				万					
①				2	7	4	9	8	0	0	0	0	0	0	0	0	0		(円)
②				1	4	4	4	3	9	0	0	0	0	0	0	0	0	0	(円)
③				9	7	7	1	2	8	0	0	0	0	0	0	0	0	0	(円)

① 北海道の予算額 (2018年度)
② 東京都の予算額 (2018年度)
③ 日本国の予算額 (2018年度)

> 日本の予算額を九十七兆七千百二十八億と読みます。
> これを97兆7128億と表すこともできます。

大きな数は、4けたごとに区切ると読みやすくなります。

2 7498 0000 0000

2 次の数を読みましょう。

① 351 7498 2980 7402

② 5738 5604 1990 2547

月　　日

大きな数 (3)

名前

✿　次の数を数字だけでかきましょう。

①　75兆6780億9214万

千	百	十	一	千	百	十	一	千	百	十	一	千	百	十	一
		兆				億				万					

(　　　　　　　　　　　　　　　)

②　182兆595億600万

千	百	十	一	千	百	十	一	千	百	十	一	千	百	十	一
		兆				億				万					

(　　　　　　　　　　　　　　　)

③　9750兆68億5万

千	百	十	一	千	百	十	一	千	百	十	一	千	百	十	一
		兆				億				万					

(　　　　　　　　　　　　　　　)

④　7803兆8000億

千	百	十	一	千	百	十	一	千	百	十	一	千	百	十	一
		兆				億				万					

(　　　　　　　　　　　　　　　)

⑤　100兆

千	百	十	一	千	百	十	一	千	百	十	一	千	百	十	一
		兆				億				万					

(　　　　　　　　　　　　　　　)

名前

数のしくみを考えましょう。

① 47億の10倍、100倍、1000倍、10000倍の数は、
次のようになります。

	百	十	一(兆)	千	百	十	一(億)	
もとの数						4	7	47億
10倍					4	7	0	470億
100倍				4	7	0	0	4700億
1000倍			4	7	0	0	0	4兆7000億
10000倍		4	7	0	0	0	0	47兆

> 整数を **10倍** するごとに、数字の位は、
> それぞれ、**1けたずつ上がります。**

・47億の1万倍は、47兆です。

② 3800億を10、100、1000でわった数は、次のようになります。

	一(兆)	千	百	十	一(億)	千(万)	
もとの数		3	8	0	0		3800億
10でわった数			3	8	0		380億
100でわった数				3	8		38億
1000でわった数					3	8	3億8千万

> 整数を **10でわる** と、数字の位が、
> それぞれ、**1けたずつ下がります。**

大きな数 (5)

名前

月　　日

1 次の数をわくにかきましょう。

	千	百	十	一 兆	千	百	十	一 億
100 でわった数								
10 でわった数								
もとの数				2	7	5	0	0
10 倍								
100 倍								
1000 倍								

2 次の計算をしましょう。

① 36兆 ＋ 12兆 4000億 ＝

　　　36兆
　＋12兆4000億

② 48兆 － 15兆 5000億 ＝

　　　48兆
　－15兆5000億

—7—

大きな数 まとめ (1)

名前

1 □ にあてはまる数をかきましょう。　　　　　(各10点)

① 1000億を 10こ集めた数は □ です。

② 1億は、1万を □ こ集めた数です。

③ 1兆は、1億を □ こ集めた数です。

④ 1000億を 20こ、100億を 40こあわせた数は、

□ です。

⑤ 1兆を 40こと、1億を 3840こあわせた数は、

□ です。

2 数字だけでかきましょう。　　　　　(各10点)

① 537億300万

(　　　　　　　　　　　　　　　　　)

② 6兆592億5000万

(　　　　　　　　　　　　　　　　　)

3 次の計算をしましょう。　　　　　(各10点)

① 55億＋23億＝

② 72兆－43兆＝

③ 25億×1万＝

□ 点

名前

........月......日✏️

✿ 次の数を求めましょう。　　　　　　　　　　　　　　（各10点）

① 62億を10倍した数。

答え _____

② 5億3000万を100倍した数。

答え _____

③ 72億を10でわった数。

答え _____

④ 9億4000万を100でわった数。

答え _____

⑤ 92億5000万を100でわった数。

答え _____

⑥ 400を300倍した数。

答え _____

⑦ 40万を30万倍した数。

答え _____

⑧ 40億を30万倍した数。

答え _____

⑨ 5600兆を100でわった数。

答え _____

⑩ 82兆を10000でわった数。

答え _____

点

わり算の筆算（÷1けた）(1) 名前

```
      6
  4)2 7
    2 4
      3
```

⑦　一の位に商がくることをたしかめます。
⑦　÷4だから6を………たてる
⑨　4×6＝24…………かける
⑨　27－24＝3…………ひく
⑨　ひいた答えが…………あまり

✿　次の計算をしましょう。

① 5)37

② 4)25

③ 3)25

④ 2)15

⑤ 4)18

⑥ 5)26

⑦ 4)22

⑧ 6)21

⑨ 5)28

⑩ 3)20

⑪ 9)31

⑫ 7)40

わり算の筆算 （÷1 けた）(2)　名前

```
    2 4
4)9 6
  8 ↓
  1 6
  1 6
      0
```

㋐　十の位に商がくることをたしかめます。

㋑　9÷4で、2を ……… **たてる**

㋒　4×2＝8 ………… **かける**

㋓　9−8＝1 ………… **ひく**

㋔　6を ……………… **おろす**

㋕　16÷4で4を ……… **たてる**

㋖　4×4＝16 ………… **かける**

㋗　16−16＝0 ……… **ひく**

❀　次の計算をしましょう。

①
```
4)7 6
```

②
```
3)8 4
```

③
```
5)7 5
```

④
```
6)8 4
```

⑤
```
3)7 2
```

⑥
```
4)9 6
```

⑦
```
2)9 8
```

⑧
```
3)4 2
```

わり算の筆算 （÷1 けた）(3)　名前

❀　次の計算をしましょう。

① 3)89　② 2)79　③ 6)88　④ 5)68

⑤ 4)99　⑥ 4)53　⑦ 7)83　⑧ 8)90

⑨ 5)66　⑩ 6)79　⑪ 8)98　⑫ 7)86

わり算の筆算 （÷1けた）(4)

名前

❀ 次の計算をしましょう。

① $2\overline{)915}$

② $3\overline{)805}$

③ $4\overline{)997}$

④ $5\overline{)737}$

⑤ $6\overline{)879}$

⑥ $4\overline{)950}$

わり算の筆算（÷1けた）(5)　名前

✿　次の計算をしましょう。

① 4)874

② 5)577

③ 3)683

④ 6)698

⑤ 4)847

⑥ 2)875

❀　次の計算をしましょう。

①
```
      3 0 2
   2)6 0 5
     6
         0
         0
         5
         4
         1
```
（はぶいてもよい）

②
```
   3)9 0 7
```

③
```
   4)8 2 3
```

④
```
      1 4 0
   6)8 4 5
     6
       2 4
       2 4
         5
         0
         5
```
（はぶいてもよい）

⑤
```
   5)7 5 3
```

⑥
```
   7)9 8 4
```

— 15 —

わり算の筆算（÷1けた）（7）　名前

✿　次の計算をしましょう。0がたつとき、下のだんの計算をはぶきましょう。

① 5)545

② 3)615

③ 8)835

④ 4)723

⑤ 6)664

⑥ 8)960

⑦ 2)813

⑧ 3)623

⑨ 4)722

わり算の筆算（÷1けた） (8) 名前

```
      6 7
  7)4 6 9
    4 2
      4 9
      4 9
        0
```

① 百の位に商はたちません。

② 十の位に商をたてて、順に計算します。

❀ 次の計算をしましょう。

①
```
3)1 9 5
```

②
```
2)1 3 6
```

③
```
6)5 7 6
```

④
```
8)7 7 6
```

⑤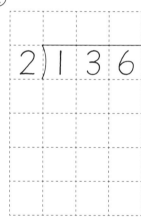
```
5)3 6 5
```

⑥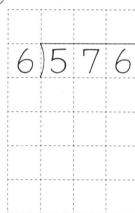
```
4)3 4 8
```

わり算の筆算 （÷1けた）**(9)**

............月......日

✿ 次の計算をしましょう。

① 9)680

② 6)587

③ 8)191

④ 5)337

⑤ 7)244

⑥ 4)182

⑦ 8)631

⑧ 6)221

⑨ 9)214

わり算の筆算 （÷1 けた）⑽

名前

❀　次の計算をしましょう。商に0がたつとき、下の計算をはぶ
きましょう。

①
$$7\overline{)283}$$

②
$$2\overline{)121}$$

③
$$8\overline{)485}$$

④
$$7\overline{)354}$$

⑤
$$6\overline{)420}$$

⑥
$$4\overline{)360}$$

⑦
$$9\overline{)273}$$

⑧
$$3\overline{)211}$$

⑨
$$5\overline{)303}$$

⑩
$$8\overline{)567}$$

⑪
$$4\overline{)203}$$

⑫
$$7\overline{)495}$$

わり算の筆算(÷1けた)まとめ (3)　名前

✿　次の計算をしましょう。　　　　　　(①～④各10点、⑤～⑦各20点)

① 3)88

② 2)75

③ 5)69

④ 7)85

⑤ 4)998

⑥ 6)878

⑦ 5)736

点

わり算の筆算(÷1けた)まとめ (4) 名前

.... 月　　日

✿ 次の計算をしましょう。　　　　（①〜⑥各10点、⑦・⑧各20点）

① 5)435

② 7)588

③ 3)285

④ 4)257

⑤ 6)368

⑥ 7)592

⑦ 3)361

⑧ 4)482

点

わり算の筆算 （÷2けた）(1)　名前

$36 \div 12$ の筆算のしかたを考えましょう。

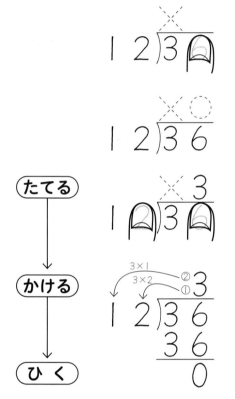

① かた手かくして、商のたつ位を見つけます。(12のだんは習いません。)

　$3 \div 12$ は、できません。

　$36 \div 12$ は、できるので
商は一の位にたちます。

② 両手かくして、商を見つけます。
$3 \div 1$ を考えます。
3がたちます。

③ かくした手をはずして
12×3 をします。

④ $36 - 36$ をします。
ひき算の答えを下にかきます。

$$36 \div 12 = 3$$

❀ 次の計算をしましょう。

①
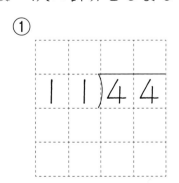
$1\,1 \overline{)4\,4}$

②
$2\,1 \overline{)6\,3}$

③
$3\,2 \overline{)9\,6}$

わり算の筆算 （÷2けた）(2)

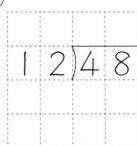

名前

* 次の計算をしましょう。

① 41)82

② 33)99

③ 12)48

④ 14)28

⑤ 23)69

⑥ 31)93

⑦ 32)68

⑧ 11)67

⑨ 34)70

⑩ 36)75

⑪ 27)59

⑫ 38)78

215÷43 の筆算のしかたを考えましょう。

① かた手かくして、商のたつ位を見つけます。

215÷43 は、できます。

（一の位に商がたちます）

たてる

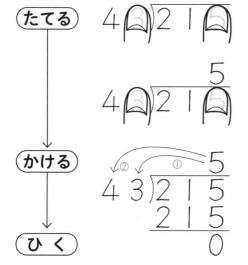

② 両手かくして、商を見つけます。
21÷4 と考えます。

5がたちます。

かける

③ 43×5 をします。

ひく

④ 215－215 をします。
ひき算の答えを下にかきます。

215÷43＝5

✽ 次の計算をしましょう。

①

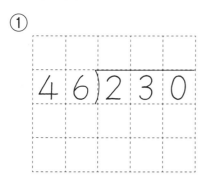

②

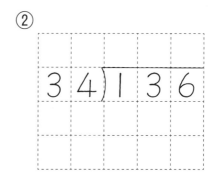

— 24 —

わり算の筆算（÷2 けた）(4)

名前

❀ 次の計算をしましょう。

①
$$84\overline{)588}$$

②
$$62\overline{)434}$$

③
$$47\overline{)188}$$

④
$$53\overline{)212}$$

⑤
$$78\overline{)469}$$

⑥
$$98\overline{)398}$$

⑦
$$87\overline{)787}$$

⑧
$$68\overline{)409}$$

名前

月　　日

$$8$$

$$23\overline{)184}$$
$$\underline{184}$$
$$0$$

・18÷2＝9
　9をたてます。

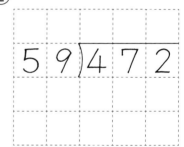

・9だと大きすぎる
　ので、8をたてます。

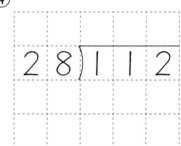

❀　次の計算をしましょう。

① 　25)150

② 　59)472

③ 　49)245

④ 　28)112

⑤ 　35)280

⑥ 　38)228

わり算の筆算 (÷2けた) (6)

名前

✿ 次の計算をしましょう。

① 　23)170

② 　45)375

③ 　36)220

④ 　24)199

⑤ 　26)159

⑥ 　37)190

⑦ 　26)139

⑧ 　34)280

わり算の筆算 （÷2 けた）(7) 名前

🌸 次の計算をしましょう。

① $26\overline{)182}$

② $27\overline{)162}$

③ $28\overline{)140}$

④ $29\overline{)174}$

⑤ $39\overline{)273}$

⑥ $27\overline{)189}$

⑦ $28\overline{)196}$

⑧ $29\overline{)145}$

わり算の筆算 (÷2けた) (8)

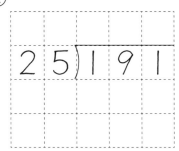

名前

✿　次の計算をしましょう。

① 28)170

② 25)191

③ 38)280

④ 47)360

⑤ 49)370

⑥ 27)183

⑦ 28)185

⑧ 29)168

```
        9
  12)108
     108
       0
```

・12)108 で2と8をかくして
　考えると、10÷1で10がた
　ちます。
・商は一の位にたつので、
　10を9に変えます。

❀　次の計算をしましょう。

①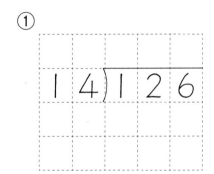

②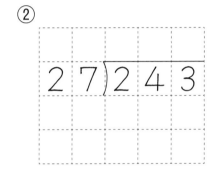

③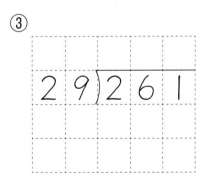

④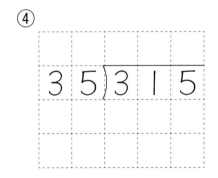

⑤

```
  45)407
```

⑥

```
  57)516
```

— 30 —

わり算の筆算 （÷2けた）⑩ 名前

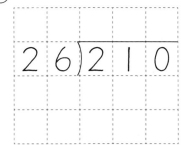

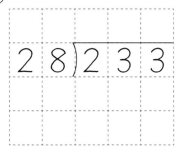

・25)216 で5と6をかくして考えると、21÷2で10がたちます。

・商は1けたなので、9をたてて考えます。

・9も大きいので8にします。

❀ 次の計算をしましょう。

① 36)312

② 26)210

③ 35)305

④ 28)233

⑤ 17)130

⑥ 18)110

わり算の筆算 (÷2けた) ⑪ 名前

```
        1 4
  1 2 ) 1 6 8
        1 2
          4 8
          4 8
            0
```

- 商の位置をたしかめます。
- 168 ÷ 12 で、十の位に1をたてます。
- 12 × 1 をします。
- 16 − 12 をします。
- 8をおろします。
- 48 ÷ 12 で一の位に4をたてます。
- 12 × 4 をします。
- 48 − 48 をします。

✿ 次の計算をしましょう。

①

```
  3 2 ) 4 8 0
```

②

```
  3 4 ) 4 7 6
```

③

```
  7 2 ) 8 6 4
```

④

```
  5 4 ) 7 5 6
```

わり算の筆算 （÷2けた）⑫　名前

❀　次の計算をしましょう。

① 　42〉910

② 　38〉878

③ 　35〉845

④ 　41〉945

⑤ 　31〉725

⑥ 　12〉398

わり算の筆算 （÷2けた） ⒀　名前

```
          2 6
  2 4 ) 6 2 4
        4 8
        1 4 4
        1 4 4
              0
```

・24)624 を考えて、3をたてます。
・大きすぎるので、2をたてます。
・かける→ひく→おろすをします。
・24)144 を考えて、7をたてます。
・大きすぎるので、6をたてます。

✿　次の計算をしましょう。

①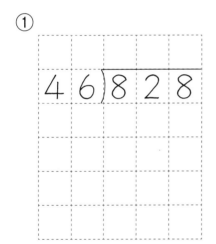

②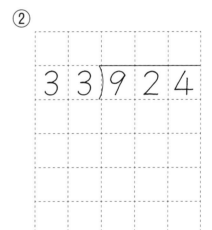

③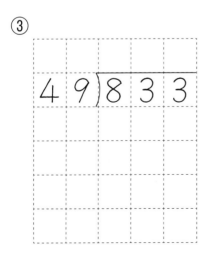

④

```
  2 5 ) 9 2 5
```

名前

✿ 次の計算をしましょう。

① 26)832

② 46)828

③ 39)936

④ 28)672

⑤ 45)810

⑥ 37)999

わり算の筆算（÷2けた）⒂ 名前

✿　次の計算をしましょう。

① 14)598

② 22)620

③ 25)885

④ 28)932

⑤ 35)640

⑥ 34)614

わり算の筆算（÷2けた）⑯　名前

❀　次の計算をしましょう。

①

$26\overline{)656}$

②

$18\overline{)380}$

③

$37\overline{)942}$

④

$29\overline{)676}$

⑤

$38\overline{)953}$

⑥

$27\overline{)677}$

わり算の筆算（÷2 けた）⒄　名前

❀　次の計算をしましょう。

①
```
    _____
12)7 1 0
```

②
```
    _____
26)9 7 3
```

③
```
    _____
28)7 9 5
```

④
```
    _____
13)8 7 6
```

⑤
```
    _____
38)6 9 0
```

⑥
```
    _____
29)8 2 5
```

わり算の筆算（÷2けた）⒅

名前

❀ 次の計算をしましょう。

① 14〉777

② 27〉640

③ 15〉797

④ 39〉636

⑤ 29〉807

⑥ 49〉860

わり算の筆算 （÷2 けた） ⒆

❀ 次の計算をしましょう。

①

$$15\overline{)710}$$

②

$$26\overline{)660}$$

③

$$25\overline{)720}$$

④

$$18\overline{)689}$$

⑤

$$37\overline{)690}$$

⑥

$$26\overline{)485}$$

わり算の筆算 （÷2けた）⑳

名前

＊ 次の計算をしましょう。

① 17)444

② 24)885

③ 19)710

④ 28)808

⑤ 39)733

⑥ 48)813

❀　次の計算をしましょう。　　　　　　　　　　　　（各10点）

① 59)472

② 27)162

③ 28)196

④ 23)170

⑤ 49)370

⑥ 25)191

⑦ 46)828

⑧ 25)925

⑨ 39)937

⑩ 28)674

点

月　　日

✿　次の計算をしましょう。　　　　　　　　　　　　（各10点）

① 29)145

② 26)182

③ 27)189

④ 36)312

⑤ 17)130

⑥ 18)110

⑦ 26)832

⑧ 45)810

⑨ 34)614

⑩ 28)932

点

角の大きさ (1)

名前

角の大きさをはかるには、**分度器** を使います。

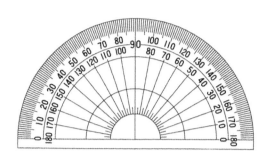

> 度(°) は、角の大きさの単位です。
> 角の大きさのことを **角度** ともいいます。
> 円を 360 に等分した 1 つ分を 1° と決めました。
> だから、1 回転の角度は 360° です。

✿ 分度器を使って角度をはかりましょう。

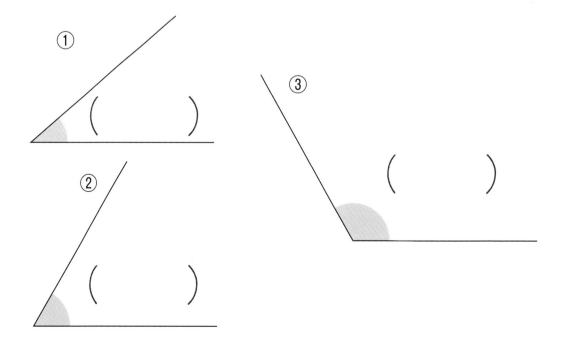

①　（　　　　）

②　（　　　　）

③　（　　　　）

角の大きさ (2)

1 分度器を使って角度をはかりましょう。

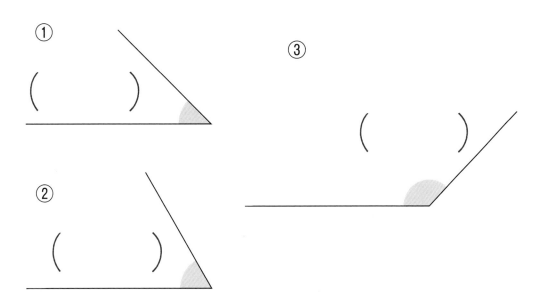

① (　　　　)

② (　　　　)

③ (　　　　)

2 角度は何度ですか。

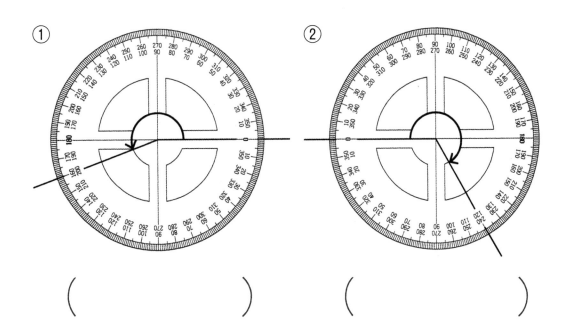

① (　　　　)　　② (　　　　)

角の大きさ (3)

名前

❁ 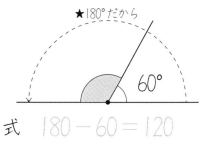 の角度を、計算で求めましょう。

①

★180°だから

60°

式 180－60＝120

（　　120°　　）

②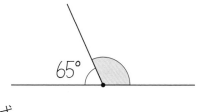

65°

式

（　　　　）

③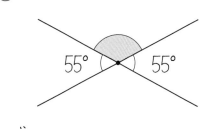

55°　55°

式

（　　　　）

④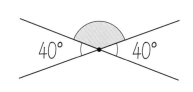

40°　40°

式

（　　　　）

⑤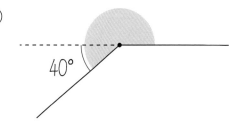

40°

式

（　　　　）

⑥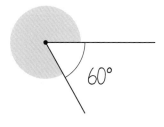

60°

式

（　　　　）

角の大きさ (4)

名前

月　　日

❀　角をかきましょう。

①

↑ 60°

②

90° ↑

③

↑ 120°

④

↖ 220°

角の大きさ (5)

名前

1 角度は、何度ですか。

① 直角は、（　　　　　）

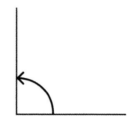

② 半回転の角度は、2直角で（　　　　　）

③ 1回転の角度は、4直角で（　　　　　　）

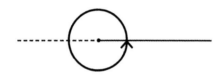

2 三角じょうぎの角度をかきましょう。

①（　　）　②（　　）

③（　　）

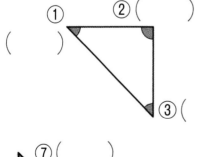

④　⑤（　　）

（　　）　⑥

（　　）

⑦（　　）

⑧（　　）

⑨（　　）

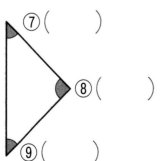

⑩（　　）

⑪（　　）　⑫（　　）

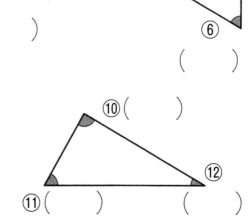

角の大きさ ⑹

名前

✿　三角じょうぎでできる次の角度を求もとめましょう。

①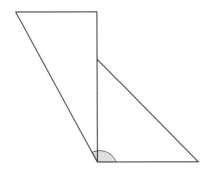

式

（　　　　）

②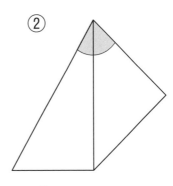

式

（　　　　）

③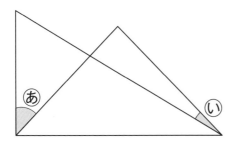

あ 式

（　　　　）

い 式

（　　　　）

④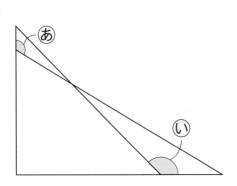

あ 式

（　　　　）

い 式

（　　　　）

角の大きさ まとめ (7)　名前

1 分度器を使って、角度を求めましょう。　(各15点)

① (　　　)
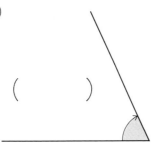

② (　　　)
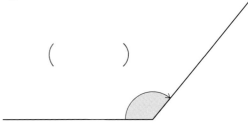

③ (　　　)
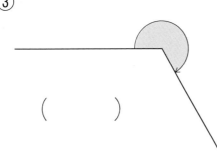

④ (　　　)
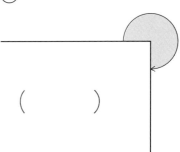

2 分度器を使って、次の大きさの角をかきましょう。

(各20点)

① 120°

② 300°

点

角の大きさ まとめ (8)   名前

1 次の角度は、何度ですか。 (各10点)

① 直角は、（　　　　　　）です。

② 半回転の角度は、2直角で（　　　　　　　）です。

③ 1回転の角度は、4直角で（　　　　　　　）です。

2 三角じょうぎの角度をかきましょう。 (各5点)

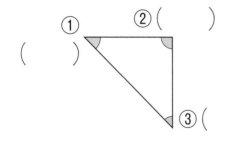

① ②（　　　　）
（　　　　）
③（　　　　）

④ ⑤（　　　　）
（　　　　）
⑥（　　　　）

3 次の角度を求めましょう。 (各10点)

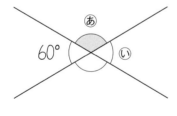

60°　あ　い

（2まいの三角じょうぎ）

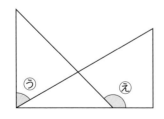

う　え

あ 式

（　　　　　　　）

い 式

（　　　　　　　）

う 式

（　　　　　　　）

え 式

（　　　　　　　）

点

月　　日

　野球場に、お客が 32568 人入りました。およそ何万人といえるでしょう。

3万　　　　　　　　　　4万

32568

　　4万人より3万人に近いので、**およそ3万人** といえます。**約3万人** ともいいます。
　　およその数を **がい数** といいます。

次の数の一万の位までのがい数を考えましょう。

① 　　32568

切りすて　　　　　　　　切り上げ

30000　　　　　　　　40000

② 　　37872

切りすて　　　　　　　　切り上げ

30000　　　　　　　　40000

　　3万と4万の間の数のがい数を考えるとき、千の位の数字がいくつかによって、3万にするか4万にするかを決める方法があります。千の位の数が
　　0、1、2、3、4 … 切り捨てて 約3万
　　5、6、7、8、9 … 切り上げて 約4万
このような方法を **四捨五入** といいます。

上の①、②の数を四捨五入すると、

　　① 30000　　　② 40000　になります。

がい数 (2)

名前

1 四捨五入して、百の位までのがい数にしましょう。

① 856

② 846

___

③ 7780

③ 8231

___

2 四捨五入して、千の位までのがい数にしましょう。

① 2106

② 4627

___

③ 24956

④ 40362

___

3 四捨五入して、一万の位までのがい数にしましょう。

① 64765

② 87078

___

③ 142974

④ 496002

___

がい数 (3) 名前

1 四捨五入して、上から2けたのがい数にしましょう。

① 85676

② 35425

③ 286351

④ 447820

2 四捨五入して、上から3けたのがい数にしましょう。

① 456813

② 235427

③ 527369

④ 493501

3 ア～カの数のうち、十の位を四捨五入して400になる数の記号に〇をつけましょう。

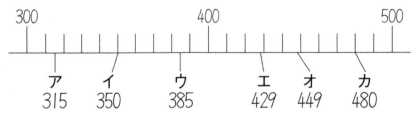

十の位を四捨五入して400になる数は、350以上450**未満**の数です。450はふくみません。

見積もり (1)

名前

　ゆう子さんとたかしさんは、お母さんに「シャンプーとリンスとティッシュペーパーを買ってきて。」とたのまれ、1000円あずかりました。

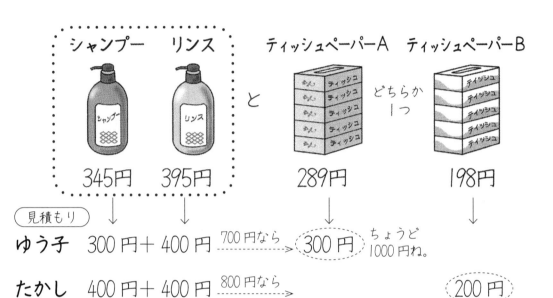

シャンプー　　リンス　　　ティッシュペーパーA　ティッシュペーパーB

345円　　395円　　　　　289円　　　　　　　198円

どちらか
1つ

見積もり

ゆう子　　300円＋400円　---700円なら--→ (300円)　ちょうど1000円ね。

たかし　　400円＋400円　---800円なら--→　　　　　　(200円)

。ゆう子さんとたかしさんでは、どちらの見積もりがあっていますか。

（　　　　　　　　　　）

実さいの計算
- ティッシュペーパー A を買うと　345＋395＋289 ＝ 1029
- ティッシュペーパー B を買うと　345＋395＋198 ＝ 938

　計算の見積もりをするときは、どんな場面なのかを考えて、**四捨五入**したり、**切り上げ**たり、**切り捨て**たりします。
　また、どの位のがい数にするかも大切です。

見積もり (2)　名前

1　右の表は、野球場の入場者数です。

① 上から2けたのがい数で
表しましょう。

土曜日（　　　　　　　　）

日曜日（　　　　　　　　）

曜日	入場者数
土曜日	34948人
日曜日	29395人

② あわせて、約何万何千人ですか。①のがい数を使って計算
しましょう。

式

答え _____

③ ちがいは、約何千人ですか。①のがい数を使って計算しま
しょう。

式

答え _____

たし算の答えを 和、ひき算の答えを 差 といいます。

2　上から1けたのがい数で、次の数の和と差を求めましょう。

① 5386 と 3718

和（　　　　　　　　）

差（　　　　　　　　）

② 47685 と 12589

和（　　　　　　　　）

差（　　　　　　　　）

見積もり (3)

1 子ども会でハイキングに行きました。帰りは、とちゅうから
バスに乗りました。バス代はひとり 190 円で、39 人が乗りま
した。代金は、全員でおよそ何円になりますか。

① 全員の代金を、上から 1 けたの数で見積もりましょう。

式

答え _____

② 何円バス代をはらうかを計算しましょう。

式

答え _____

2 子ども会のパーティー用おかしの予算は、9500 円です。子
ども会の会員は 47 人です。1 人分およそいくらのおかしを用
意すればよいですか。上から 1 けたの数で見積もりましょう。

式

答え _____

┌─────────────────────────────────────┐
│ かけ算の答えを **積**、わり算の答えを **商** といいます。 │
└─────────────────────────────────────┘

3 上から 1 けたの数で見積もりましょう。

① 3825×62　　　　　② 6139÷29

積 (　　　　　　)　　　商 (　　　　　　)

がい数 まとめ (9)　名前

1 次のことがらのうち、がい数で表してよいものは○、そうでないものは×をつけましょう。　(各10点)

① (　　　) 学級で休んだ人の数を、ほけん室に知らせるとき。

② (　　　) 2月にかぜで休んだ小学生の人数を全国新聞で知らせるとき。

③ (　　　) 遠足のコースの長さ。

④ (　　　) 10年間の市の人口の変化(へんか)をグラフに表すとき。

⑤ (　　　) 店の売り物のねだん。

2 右の表は、30年ごとの日本の人口です。それぞれの年の人口を四捨五入(ししゃごにゅう)して、百万の位(くらい)までのがい数で表しましょう。

(各10点)

	年　　代	人口（人）
①	1902 年 (明治(めいじ)35 年)	44964000
②	1932 年 (昭和 7 年)	66434000
③	1962 年 (〃 37 年)	95181000
④	1992 年 (平成(へいせい) 4 年)	124567000
⑤	2022 年 (令和(れいわ) 4 年)	125120000

①	1902 年		万人
②	1932 年		万人
③	1962 年		万人
④	1992 年		万人
⑤	2022 年		万人

点

見積り まとめ ⑽　名前

I 文具屋さんで、ペンと三角じょうぎとコンパスを買いに行きました。

（式・答え各10点）

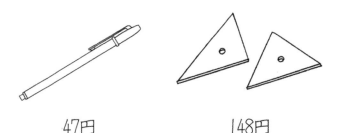

47円　　　　148円　　　　468円

① 一の位を四捨五入して、合計を見積もりましょう。

式

答え _____

② 代金はいくらでしょう。

式

答え _____

2 次の計算を上から1けたのがい数にして、和差積商を見積もりましょう。

（各15点）

① 7868＋8255

（　　　　　）

② 6019－2915

（　　　　　）

③ 5864×198

（　　　　　）

④ 22550÷415

（　　　　　）

点

小　数 (1)　名前

1、0.1、0.01、0.001 の関係を考えましょう。

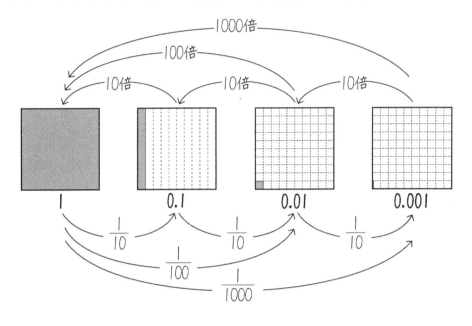

$$0.1 = \frac{1}{10} \qquad 0.01 = \frac{1}{100} \qquad 0.01 = \frac{1}{1000}$$

　　小数も、整数と同じように、10倍または$\frac{1}{10}$ごとに位の名前があります。

４２．１９５

十の位　一の位　小数点　$\frac{1}{10}$の位（小数第一位）　$\frac{1}{100}$の位（小数第二位）　$\frac{1}{1000}$の位（小数第三位）

小　数 (2)

名前

1 42.195 について考えましょう。

10を ① [　　] こ ⎫
1 を ② [　　] こ ⎪
0.1を ③ [　　] こ ⎬ 集めた数です。
0.01を ④ [　　] こ ⎪
0.001を ⑤ [　　] こ ⎭

2 [　] にあてはまる数をかきましょう。

① 0.04は、0.01を [　　　] こ集めた数です。

② 0.1は、0.01を [　　　] こ集めた数です。

③ 0.25は、0.01を [　　　] こ集めた数です。

3 次の数を数直線に↑でしめしましょう。

① 1.324　　② 1.304　　③ 1.32

```
1.3              1.31              1.32
 |───┴──┴──┴──┴──┴──┴──┴──┴──┴──┴──┴──┴──┴──┴──┴──
```

4 大きい数に○をつけましょう。

① ⎰ (　) 3.12
　 ⎱ (　) 3.089

② ⎰ (　) 4.38
　 ⎱ (　) 4.4

③ ⎰ (　) 1.879
　 ⎱ (　) 1.88

小　数 (3)

名前

❀　次の計算をしましょう。

①
```
    2.2 6
+   3.6 1
─────────
```

②
```
    8.8 3
+   4.1 7
─────────
```

③
```
    3
+   5.5 4
─────────
```

④
```
    9.8 6
+   1
─────────
```

⑤
```
    3.2
+   5.8 9 1
───────────
```

⑥
```
    1.5 6
+   3.4 4
─────────
```

⑦
```
    4.9 9 6
+   0.0 0 4
───────────
```

⑧
```
    3.0 0 7
+   0.8 9 3
───────────
```

小　数 (4)

名前

❀　次の計算をしましょう。

①
```
    8.42
  - 3.42
  -------
```

②
```
    5.35
  - 5.14
  -------
```

③
```
    6
  - 4.28
  -------
```

④
```
    5.11
  - 0.22
  -------
```

⑤
```
    6.265
  - 2.173
  --------
```

⑥
```
    7.03
  - 2.743
  -------
```

⑦
```
    3
  - 0.569
  -------
```

⑧
```
    2.356
  - 0.306
  --------
```

分　数 (1)

名前

✿　図を見て、答えましょう。

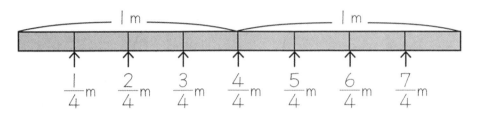

① 1mと同じ長さを分数で表しましょう。

$$1m = \boxed{}m$$

② 1mより長い長さを分数でかきましょう。

$\boxed{}m$　　$\boxed{}m$　　$\boxed{}m$

※　1mより長い長さを、次のように表すこともできます。

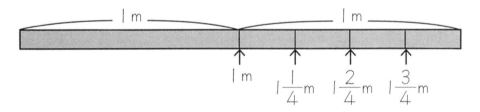

真分数 … $\dfrac{1}{3}$、$\dfrac{2}{5}$ のように、分子が分母より小さい分数。

仮分数 … $\dfrac{4}{4}$、$\dfrac{5}{4}$、$\dfrac{9}{7}$ のように、分子と分母が同じか分子が大きい分数。

帯分数 … $1\dfrac{1}{4}$、$2\dfrac{3}{5}$ のように、整数と真分数で表されている分数。

分　数 (2)

名前

1 ⑦、⑦、⑦を、仮分数や帯分数でかきましょう。

仮分数　⑦ $\left(\qquad\right)$　⑦ $\left(\qquad\right)$　⑦ $\left(\qquad\right)$

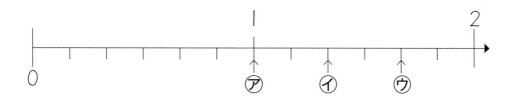

帯分数　⑦ $\left(\qquad\right)$　⑦ $\left(\qquad\right)$

2 次の仮分数を帯分数に直しましょう。

① $\dfrac{8}{3} =$　　　　　② $\dfrac{13}{6} =$

③ $\dfrac{7}{4} =$　　　　　④ $\dfrac{10}{7} =$

⑤ $\dfrac{11}{4} =$　　　　　⑥ $\dfrac{19}{8} =$

⑦ $\dfrac{8}{5} =$　　　　　⑧ $\dfrac{23}{6} =$

分　数 (3)

名前

1 次の帯分数を仮分数に直しましょう。

① $1\dfrac{1}{4} =$

② $1\dfrac{3}{4} =$

③ $2\dfrac{1}{5} =$

④ $4\dfrac{3}{5} =$

⑤ $2\dfrac{5}{6} =$

⑥ $2\dfrac{3}{8} =$

⑦ $3\dfrac{2}{7} =$

⑧ $4\dfrac{5}{9} =$

2 真分数、仮分数、帯分数に分けましょう。

$$\dfrac{2}{7}, \quad \dfrac{3}{3}, \quad 1\dfrac{3}{5}, \quad \dfrac{7}{10}, \quad 3\dfrac{5}{12}, \quad \dfrac{8}{6}, \quad \dfrac{7}{7}$$

真分数 (　　　　　　　　　　　　　　　　　　　　　)

仮分数 (　　　　　　　　　　　　　　　　　　　　　)

帯分数 (　　　　　　　　　　　　　　　　　　　　　)

分　数 (4)

名前

1 等しい分数をかきましょう。

① $\dfrac{1}{3} = \dfrac{\boxed{}}{\boxed{}} = \dfrac{\boxed{}}{\boxed{}} = \dfrac{\boxed{}}{\boxed{}}$

② $\dfrac{2}{3} = \dfrac{\boxed{}}{\boxed{}} = \dfrac{\boxed{}}{\boxed{}} = \dfrac{\boxed{}}{\boxed{}}$

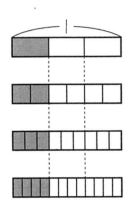

2 等しい分数を作りましょう。

① $\dfrac{1}{4} = \dfrac{\boxed{}}{8} = \dfrac{\boxed{}}{12} = \dfrac{\boxed{}}{16} = \dfrac{\boxed{}}{20}$

② $\dfrac{3}{4} = \dfrac{6}{\boxed{}} = \dfrac{9}{\boxed{}} = \dfrac{12}{\boxed{}} = \dfrac{15}{\boxed{}}$

③ $\dfrac{2}{5} = \dfrac{4}{\boxed{}} = \dfrac{6}{\boxed{}} = \dfrac{\boxed{}}{20} = \dfrac{10}{\boxed{}}$

④ $\dfrac{5}{6} = \dfrac{\boxed{}}{12} = \dfrac{15}{\boxed{}} = \dfrac{\boxed{}}{24} = \dfrac{25}{\boxed{}}$

⑤ $\dfrac{5}{7} = \dfrac{\boxed{}}{14} = \dfrac{15}{\boxed{}} = \dfrac{\boxed{}}{28} = \dfrac{25}{\boxed{}}$

分　数 (5)

名前

1 次の計算をしましょう。答えは仮分数のままにしましょう。

① $\dfrac{2}{3} + \dfrac{2}{3} =$　　　　　② $\dfrac{5}{7} + \dfrac{6}{7} =$

③ $\dfrac{2}{5} + \dfrac{4}{5} =$　　　　　④ $\dfrac{7}{9} + \dfrac{8}{9} =$

2 次の計算をしましょう。答えは整数か帯分数にしましょう。

① $\dfrac{2}{5} + \dfrac{3}{5} =$　　　　　② $\dfrac{7}{8} + \dfrac{6}{8} =$

③ $\dfrac{3}{7} + \dfrac{4}{7} =$　　　　　④ $\dfrac{8}{9} + \dfrac{5}{9} =$

⑤ $\dfrac{3}{4} + \dfrac{5}{4} =$　　　　　⑥ $\dfrac{4}{8} + \dfrac{7}{8} =$

⑦ $\dfrac{7}{6} + \dfrac{11}{6} =$　　　　　⑧ $\dfrac{11}{10} + \dfrac{9}{10} =$

⑨ $\dfrac{7}{5} + \dfrac{9}{5} =$　　　　　⑩ $\dfrac{5}{3} + \dfrac{8}{3} =$

分　数 (6)

名前

1 次の計算をしましょう。

① $\dfrac{7}{5} - \dfrac{3}{5} =$

② $\dfrac{7}{4} - \dfrac{3}{4} =$

③ $\dfrac{9}{6} - \dfrac{4}{6} =$

④ $\dfrac{9}{7} - \dfrac{3}{7} =$

2 次の計算をしましょう。答えは真分数か帯分数にしましょう。

① $1\dfrac{3}{5} - \dfrac{4}{5} =$
  $=$

② $1\dfrac{2}{4} - \dfrac{5}{4} =$
  $=$

③ $1\dfrac{1}{3} - \dfrac{2}{3} =$
  $=$

④ $1\dfrac{2}{5} - \dfrac{3}{5} =$
  $=$

⑤ $2\dfrac{3}{7} - \dfrac{4}{7} =$
  $=$

⑥ $2\dfrac{2}{9} - \dfrac{7}{9} =$
  $=$

⑦ $2\dfrac{4}{6} - \dfrac{5}{6} =$
  $=$

⑧ $2\dfrac{7}{10} - \dfrac{14}{10} =$
  $=$

小数 まとめ ⑴

1 □ にあてはまる数をかきましょう。　　　　　　（各10点）

① 0.4は、0.01を □ に集めた数です。

② 0.001 を 273 こ集めた数は □ です。

③ 1を3こ、0.1を6こ、0.01を7こ、0.001を4こあわせた

　　数は □ です。

④ 0.001 ＝ $\dfrac{1}{\boxed{}}$

2 次の計算をしましょう。　　　　　　（各15点）

①

```
  2.5 8 3
+ 5.4 1 7
─────────
```

②

```
  6
- 0.3 0 9
─────────
```

③

```
  0.7 2
+ 3.3 5 6
─────────
```

④

```
  2.3
- 2.2 0 5
─────────
```

点

1 □に等号か不等号を入れましょう。 (各7点)

① $\dfrac{12}{6}$ □ 2

② $\dfrac{7}{5}$ □ $1\dfrac{1}{5}$

③ $\dfrac{15}{7}$ □ $2\dfrac{1}{7}$

④ $2\dfrac{1}{4}$ □ $\dfrac{11}{4}$

2 分数を、真分数、仮分数、帯分数に分けましょう。(1つ5点)

$$\dfrac{15}{6}, \quad \dfrac{9}{7}, \quad 1\dfrac{1}{2}, \quad \dfrac{8}{9}, \quad \dfrac{6}{7}, \quad 1\dfrac{3}{5}$$

真分数(   )   仮分数(   )

帯分数(   )

3 計算をしましょう。仮分数は整数か帯分数にしましょう。

(各7点)

① $\dfrac{5}{8} + \dfrac{6}{8} =$

② $\dfrac{14}{9} + \dfrac{4}{9} =$

③ $\dfrac{16}{10} - \dfrac{7}{10} =$

④ $1\dfrac{4}{7} - \dfrac{6}{7} =$

⑤ $2\dfrac{2}{5} + \dfrac{3}{5} =$

⑥ $2\dfrac{4}{6} - \dfrac{5}{6} =$

点

面　積 (1)

名前

1 広さをくらべましょう。

あ 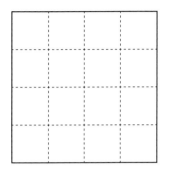　　　　　い

どちらが広いですか。　　　　　　（　　　　　　　）

> 1辺が1cmの正方形の面積を1平方セン
> チメートル（1cm²）といいます。
> cm² は、面積の単位です。
>
> 1cm　1cm

2 次の▨部分の面積は何 cm² ですか。

①

①　全部同じ面積です。1つの面積は　　（　　　　　　）

②　（　　　　　　）

③　（　　　　　　）

④　（　　　　　　）

⑤　（　　　　　　）

面　積 (2)

名前

長方形の面積を求める公式
（もと）
長方形の面積＝たて×横

❀　長方形の面積を求めましょう。

①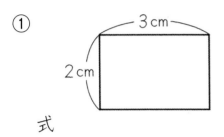

式

答え _____

②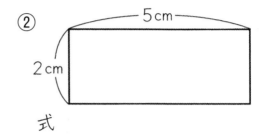

式

答え _____

③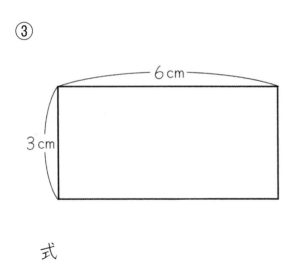

式

答え _____

④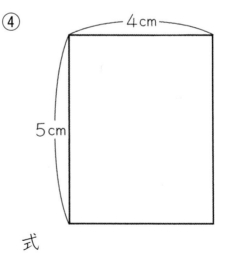

式

答え _____

⑤　たて8cm、横15cm の長方形

式

答え _____

面　積 ⑶

名前

正方形の面積を求める公式
正方形の面積＝１辺×１辺

がんばれっ

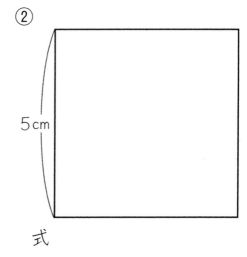

✿　正方形の面積を求めましょう。

①

4cm

4cm

式

答え _____

②

5cm

式

答え _____

③　１辺が 10cm の正方形

式

答え _____

④　１辺が 13cm の正方形

式

答え _____

⑤　１辺が 25cm の正方形

式

答え _____

面　積 ⑷

名前

> 1辺が1mの正方形の面積を1平方メートル（1m²）
> といいます。m²も面積の単位です。

1 たて7m、横8mの教室の面積は、何m²ですか。

式

答え _____

2 次の面積を求めましょう。

① 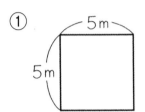　式

答え _____

② 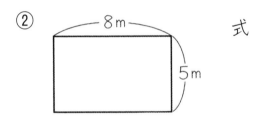　式

答え _____

③　たて 25m、横 10m のプールの水面。

式

答え _____

3 1m²は、何cm²ですか。

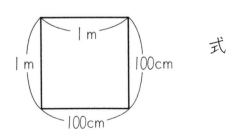　式

1m² = 　　　　cm²

✿ 次の面積を求めましょう。

①
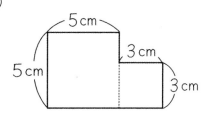

式

答え _____

②
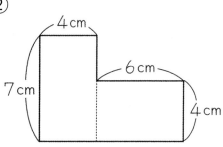

式

答え _____

③
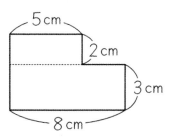

式

答え _____

④
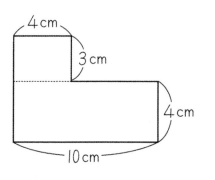

式

答え _____

面　積 ⑹

名前

❀ 次の面積を求めましょう。

① 式

$5\,cm$　$2\,cm$　$3\,cm$　$8\,cm$

答え _____

② 式

$8\,cm$　$3\,cm$　$7\,cm$　$5\,cm$

答え _____

③ 式

$3\,cm$　$3\,cm$　$6\,cm$　$10\,cm$

答え _____

④ 式

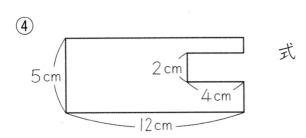

$5\,cm$　$2\,cm$　$4\,cm$　$12\,cm$

答え _____

✿ 次の面積を求めましょう。

① 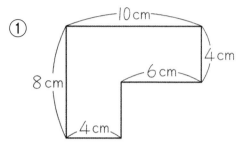　式

答え _____

② 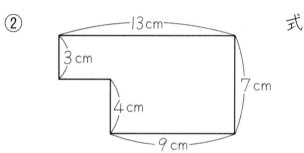　式

答え _____

③ 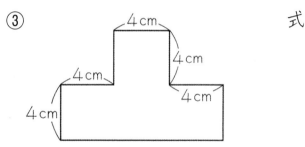　式

答え _____

④ 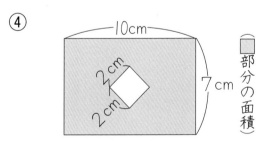　式

答え _____

⑤ 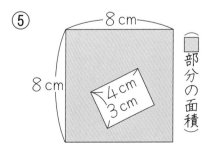　式

答え _____

面　積 ⑻

名前

1 次の□の長さを求めましょう。

① 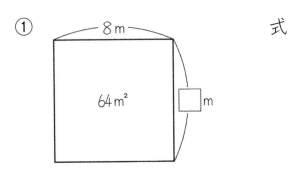　　式

答え _____

② 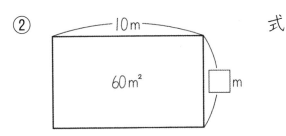　　式

答え _____

③ 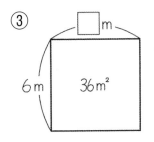　　式

答え _____

2 面積が 72m² の長方形の学習園があります。たての長さが、6m ありました。横の長さを求めまましょう。

式

答え _____

3 教室の面積は 63m² です。横の長さをはかると 7m ありました。たての長さを求めましょう。

式

答え _____

面　積 (9)

❶　次の□の長さを求めましょう。

① 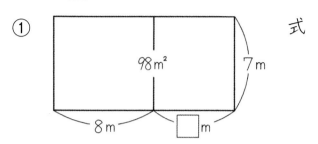　式

答え _____

② 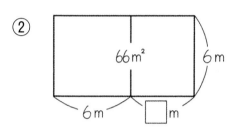　式

答え _____

③ 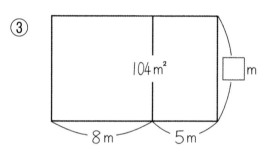　式

答え _____

❷　バレーボールのコートは、正方形が2つならんだ形で、面積
は、162m² です。正方形の1辺の長さを求めましょう。

式

答え _____

❸　同じ大きさの教室が3つならんでいて、面積の合計は、
168m² です。1つの教室の前から後ろ（たて）の長さは、8m
です。横の長さを求めましょう。

式

答え _____

　田や畑の面積を、１辺が 10m の正方形がいくつ分あるかで表すことがあります。

　１辺が 10m の正方形の面積を１アール といい、１a とかきます。

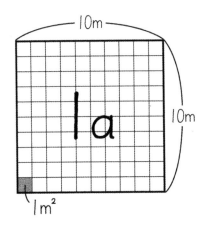

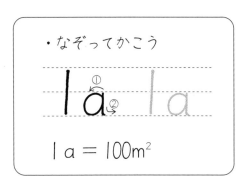

$1a = 100m^2$

■ 　たて 30m、横 40m の長方形の田の面積は、何 m² ですか。また、それは何 a ですか。

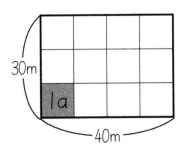

式

答え _____

② 　たて 60m、横 90m の長方形の田の面積は、何 m² ですか。また、それは何 a ですか。

式

答え _____

面　積 ⑾

名前

　広い田や牧場などの面積を、1辺が 100m の正方形がいくつ分あるかで表すことがあります。

　1辺が 100m の正方形の面積を 1ヘクタール といい、1ha とかきます。

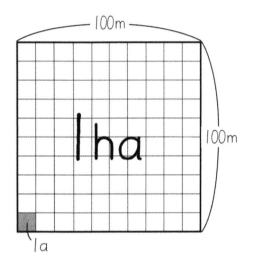

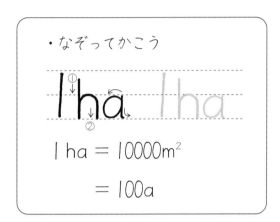

・なぞってかこう

1 ha

1 ha = 10000m²

= 100a

1　たて 400m、横 500m の長方形の田の面積は、何 m² ですか。また、それは何 ha ですか。

式

答え _____

2　たて 900m、横 1200m の牧場の面積は、何 m² ですか。また、それは何 ha ですか。

式

答え _____

月　　日

> | 辺が | km の正方形の面積を **| 平方キロメートル**（へいほう）
> （| km²）といいます。km² も面積の単位です。（たんい）

1 たて 2km、横 3km の長方形のうめたて地の面積は、何 km² ですか。

式

答え _____

2 面積を求めましょう。

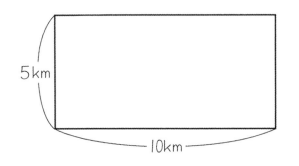

式

答え _____

3 | km² は、何 m² ですか。

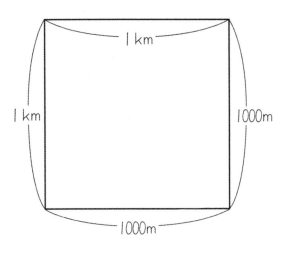

式

| km² =　　　　　　　　　m²

- 83 -

月　　日

1 次の面積を求めましょう。　　　　　　　　（各式 10 点、答え 5 点）

① たて 7cm、横 5cm の長方形の面積

式

答え _____

② 1 辺が 10cm の正方形の面積

式

答え _____

③ たて 6m、横 8m の長方形の面積

式

答え _____

④ 1 辺が 30m の正方形の面積

式

答え _____

⑤ 1 辺が 4km の正方形の面積

式

答え _____

2 同じ大きさの正方形の畑が 3 つならんでいます。面積は 75a です。1 つの畑の 1 辺の長さは、何 m ですか。

（式 15 点、答え 10 点）

式

答え _____

点

月　　日

❀　次の面積を求めましょう。　　　　（各式10点、答え10点）

①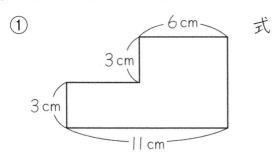

式

答え _____

②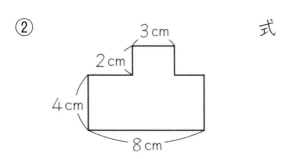

式

答え _____

③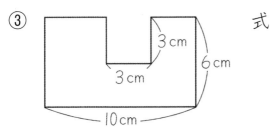

式

答え _____

④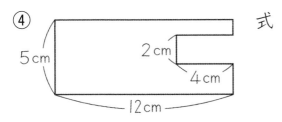

式

答え _____

⑤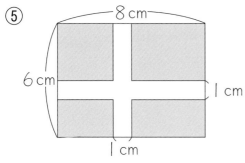

▨部分

式

答え _____　　点

折れ線グラフと表 (1)　名前

❀ 折れ線グラフを見て、あとの問いに答えましょう。

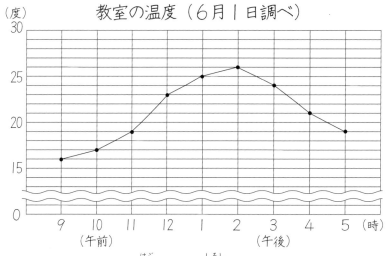

〜〜〜 は、一部分を省いている印です。

① グラフの表題は何ですか。　（　　　　　　　　　　）

② 横じくは何を表していますか。　（　　　　　　　　　）

③ たてじくは何を表していますか。　（　　　　　　　　）

④ たてじくの1めもりは何度を表して　（　　　　　　　）
　 いますか。

⑤ 温度が一番高いのは、何時ですか。　（　　　　　　　）

⑥ 温度が下がりはじめるのは、何時で　（　　　　　　　）
　 すか。

⑦ 温度の上がり方が大きいのは　（　　　　〜　　　　）
　 何時から何時の間ですか。

折れ線グラフと表 (2)

名前

❀　折れ線グラフを見て、あとの問いに答えましょう。

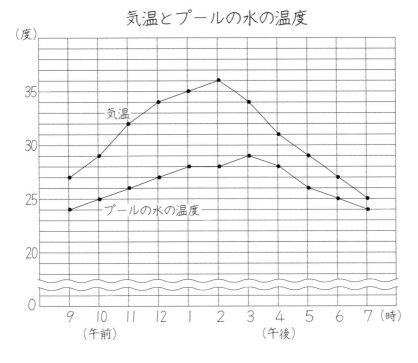

気温とプールの水の温度

① 気温が一番高かったのは何時ですか。（　　　　　　　）

② 水の温度が一番高かったのは、何
時ですか。（　　　　　　　）

③ 気温と水の温度の差が一番大き
かったのは何時ですか。（　　　　　　　）

④ 気温と水の温度では、どちらが変
化のしかたが大きいですか。（　　　　　　　）

⑤ グラフが下のようになっているのは何時から何時ですか。

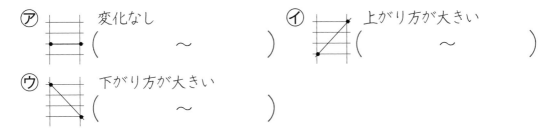

⑦　変化なし（　　　〜　　　）　　⑦　上がり方が大きい（　　　〜　　　）

⑦　下がり方が大きい（　　　〜　　　）

折れ線グラフと表 (3)　名前

🌸　表を、折れ線グラフに表しましょう。

気温調べ（1月15日）

時こく（時）	午前9	10	11	12	午後1	2	3	4	5
気　温（度）	9	12	15	16	16	13	11	10	8

① 　グラフの表題をかく。

② 　横じくに、時こくをかく（単位・時）。

③ 　たてじくに、最高気温16度が表せるように目もりをつける。（単位・度）

④ 　表を見て点をうつ、点を直線でつなぐ。

〔　　〕（①　　　　　　　　　　　　　　　　　　）

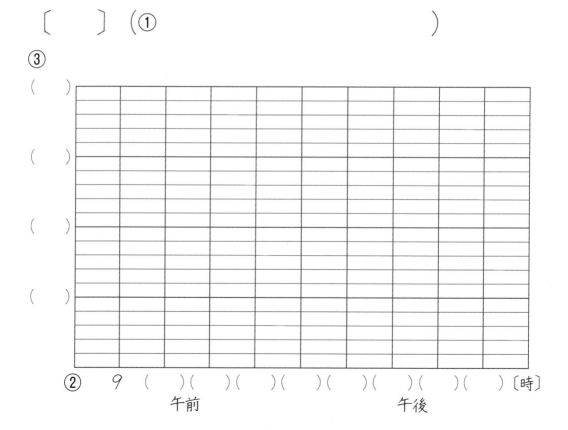

折れ線グラフと表 (4)　名前

✿　次の表を折れ線グラフに表し、あとの問いに答えましょう。

ゆうきさんの体重（4月調べ）

学年	小学 1年	2年	3年	4年	5年	6年	中学 1年	2年	3年
体重（kg）	17	19	21	24	26	29	32	36	44

〔　　〕（　　　　　　　　　　　　　　　）

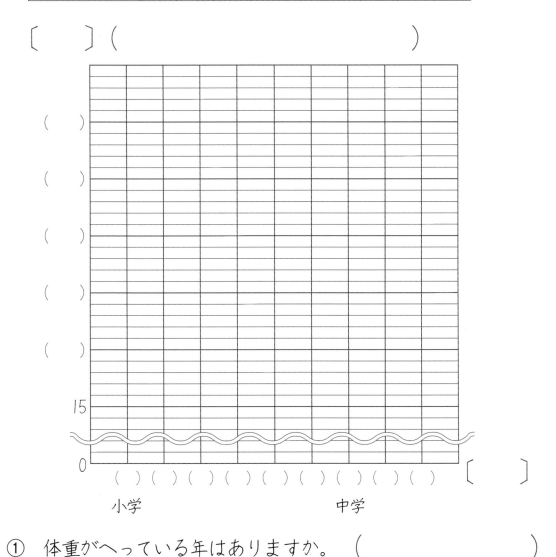

①　体重がへっている年はありますか。　（　　　　　　　　　）

②　中学校3年生から後も、体重は
　ふえ続けると予想できますか。　　（　　　　　　　　　）

折れ線グラフと表 (5)　名前

❀　下のしりょうは、5月のある週に、けがをしてほけん室へ来た人です。

番号	学年	けがの種類	場所
1	2年	すりきず	運動場
2	5年	切りきず	教室
3	1年	だぼく	運動場
4	2年	すりきず	運動場
5	1年	すりきず	ろうか
6	6年	ねんざ	運動場
7	4年	つき指	体育館
8	3年	すりきず	教室
9	3年	切りきず	教室
10	4年	すりきず	体育館

番号	学年	けがの種類	場所
11	6年	だぼく	運動場
12	5年	だぼく	ろうか
13	6年	つき指	教室
14	1年	すりきず	運動場
15	1年	すりきず	ろうか
16	3年	すりきず	教室
17	3年	鼻血	運動場
18	6年	だぼく	教室
19	6年	だぼく	体育館
20	3年	すりきず	運動場

番号	学年	けがの種類	場所
21	4年	すりきず	運動場
22	1年	だぼく	体育館
23	2年	すりきず	教室
24	3年	つき指	運動場
25	4年	すりきず	体育館
26	5年	ねんざ	運動場
27	1年	すりきず	運動場
28	4年	切りきず	ろうか
29	4年	鼻血	ろうか
30	3年	つき指	運動場

①　学年ごとの人数を下の表に整理しましょう。

学年別けがの人数

学年	人数（人）	
	正の字	数字
1年		
2年		
3年		
4年		
5年		
6年		
合計		

②　けがの種類ごとに下の表に整理しましょう。

けがの種類別人数

けがの種類	人数（人）	
	正の字	数字
合計		

折れ線グラフと表 (6)　名前

1 　高橋さんの学級では、兄や姉がいるかどうかを調べて表を作りました。㋐〜㋔に数字（人数）を入れて、問いに答えましょう。

	姉 いる	姉 いない	合計
兄 いる	8	5	㋐
兄 いない	7	9	㋑
合計	㋒	㋓	㋔

① 　兄も姉もいる人は、何人ですか。
（　　　　　　　　）

② 　兄がいる人は、何人ですか。
（　　　　　　　　）

③ 　姉がいる人は、何人ですか。（　　　　　　　　）

④ 　兄も姉もいない人は、何人ですか。（　　　　　　　　）

⑤ 　学級の人数は、みんなで何人ですか。（　　　　　　　　）

2 　田中さんのはんでは、弟や妹がいるかどうかを調べて、表を作りました。このしりょうをまとめて、下の表に数をかきましょう。

弟・妹調べ

番号	①	②	③	④	⑤	⑥	⑦	⑧	⑨	⑩	⑪	⑫	⑬	⑭	⑮
弟	○	×	○	×	○	×	○	×	○	○	○	×	×	○	×
妹	×	○	○	×	○	×	×	○	×	○	×	×	×	○	○

（○…いる。×…いない。）

	妹 いる	妹 いない	合計
弟 いる			
弟 いない			
合計			

① 　弟も妹もいる人は何人ですか。
（　　　　　　　　）

② 　弟も妹もいない人は何人ですか。
（　　　　　　　　）

月　日

1 折れ線グラフを見て、あとの問いに答えましょう。 (各20点)

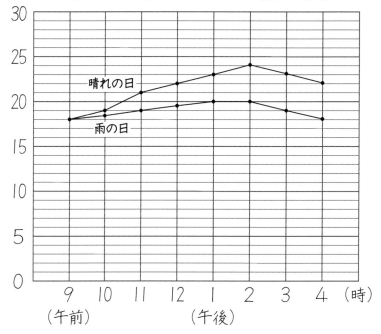

（度）　晴れの日と雨の日の1日の気温の変化

① 何のグラフですか。　（　　　　　　　　　　　　　）

② 気温の変化が大きいのはどちらですか。
　　　　　　　　　　　　　　　（　　　　　　　　　）

③ 気温が一番高いのは何時ですか。
　　晴れの日 （　　　　　　　） 　雨の日 （　　　　　　　）

2 次のうち、折れ線グラフに表すとよいものには○を、そうでないものには×をつけましょう。 (各10点)

①（　　　）1時間おきに調べた太陽の高さ

②（　　　）5月にはかった学級の人の体重

③（　　　）ある日の給食メニュー別すき、きらいの人数

④（　　　）ある市の20年間の人口のうつりかわり

点

折れ線グラフと表 まとめ ⑯　名前

1 表を見て、あとの問いに答えましょう。

けがの種類と場所

種類＼場所	教室	ろうか	体育館	運動場	合計
すりきず	3	2	2	6	㋐
切りきず	2	1	0	0	㋑
だ ほ く	1	1	2	2	㋒
ね ん ざ	0	0	0	2	㋓
つ き 指	1	0	1	2	㋔
鼻　　血	0	1	0	1	㋕
合計	㋖	㋗	㋘	㋙	㋚

① それぞれの合計をかきましょう。 （1つ5点）

② この表を見て、わかることを、2つかきましょう。 （1つ5点）

・(　　　　　　　　　　　　　　　　　　　　)

・(　　　　　　　　　　　　　　　　　　　　)

2 バスケットボールのシュートを2回した結果をまとめました。

＼	二回目		合計
	入った	はずれ	
一回目 入った	15	18	㋐
一回目 はずれ	13	10	㋑
合計	㋒	㋓	㋔

① ㋐～㋔に合計をかきましょう。 （1つ5点）

② この表を見て、わかることを、2つかきましょう。 （1つ5点）

・(　　　　　　　　　　)

・(　　　　　　　　　　)

点

小数のかけ算・わり算 (1)　名前

2.3×4を筆算でしましょう。

① 筆算の形にします。

```
    2 . 3
 ×    4
─────────
```

※　かけ算は、数の位を気にしないで、右をそろえてかきます。
3と4をそろえます。

② 整数のときと同じように計算をします。

```
    2 . 3
 ×    4
─────────
    9   2
```

➡

③ 小数点を打ちます。

```
    2 . 3
 ×    4
─────────
    9 . 2
```

小数点より下の位は1けたなので答え(積)に小数点を1けたうつして打ちます。

🌸 次の計算をしましょう。

①
```
    1 . 3
 ×    5
─────────
```

②
```
    4 . 8
 ×    2
─────────
```

③
```
    2 . 9
 ×    3
─────────
```

④
```
    0 . 7
 ×    9
─────────
```

⑤
```
    0 . 8
 ×    8
─────────
```

⑥
```
    0 . 5
 ×    7
─────────
```

小数のかけ算・わり算 (2)　名前

1.4×5 を筆算でしましょう。

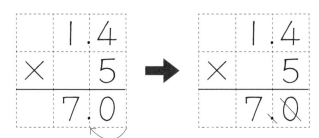

1.4の小数点より下の
位は1けたなので、
70も同じように小数
点を打ちます。

小数点より右のはしに
0があるときは、ふつ
ういりません。
ななめ線で消します。
小数点も＼で消して整
数にするときもありま
す。

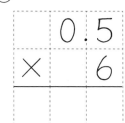

✿　次の計算をしましょう。

①

```
    1.2
 ×    5
```

②

```
    4.5
 ×    2
```

③

```
    0.5
 ×    6
```

④

```
   9 6.5
 ×     8
```

⑤

```
   2 8.6
 ×     5
```

⑥

```
   4 7.5
 ×     8
```

⑦

```
   3.7 6
 ×     5
```

⑧

```
   3.4 5
 ×     6
```

⑨

```
   3.2 5
 ×     4
```

❀　次の計算をしましょう。

①
$$\begin{array}{r} 3.2 \\ \times\ 34 \\ \hline \end{array}$$

②
$$\begin{array}{r} 9.3 \\ \times\ 56 \\ \hline \end{array}$$

③
$$\begin{array}{r} 6.5 \\ \times\ 84 \\ \hline \end{array}$$

④
$$\begin{array}{r} 4.25 \\ \times\ 26 \\ \hline \end{array}$$

⑤
$$\begin{array}{r} 3.65 \\ \times\ 46 \\ \hline \end{array}$$

⑥
$$\begin{array}{r} 0.329 \\ \times\ 69 \\ \hline \end{array}$$

⑦
$$\begin{array}{r} 0.532 \\ \times\ 25 \\ \hline \end{array}$$

小数のかけ算・わり算 (4)

名前

月　　日

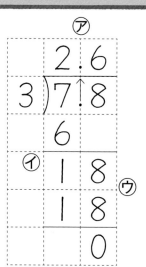

小数のわり算をするときは、

㋐　わられる数の小数点をそのまま上に上げ 商の小数点を打ちます。

㋑　7の中に3は2回、商2をたてて計算します。

㋒　18の中に3は6回、商6をたてて計算します。

❀　次の計算をしましょう。

①

②

③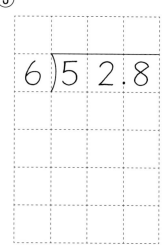

④

⑤

⑥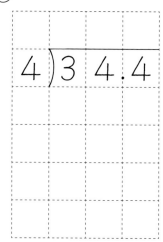

① 5)12.5　② 4)34.4　③ 6)52.8

④ 7)5.6　⑤ 8)6.4　⑥ 9)3.6

小数のかけ算・わり算 (5) 名前

🌸　次の計算をしましょう。

①
$$72 \overline{)86.4}$$

②
$$23 \overline{)50.6}$$

③
$$44 \overline{)57.2}$$

④
$$68 \overline{)74.8}$$

⑤
$$47 \overline{)18.8}$$

⑥
$$53 \overline{)21.2}$$

小数のかけ算・わり算 (6)

月　日

名前

次の計算をしましょう。

①

$84 \overline{)386.4}$

②

$76 \overline{)281.2}$

③

$67 \overline{)43.55}$

④

$62 \overline{)35.34}$

⑤

$56 \overline{)4.256}$

⑥

$95 \overline{)6.555}$

小数のかけ算・わり算 (7)　名前

```
    1.8
4)7.3
  4
  3 3
  3 2
  0↓1
```

※もとの小数点をおろす。

小数第一位まで求めて、あまりを出します。

あまりを出すときは、もとの小数点の位置をおろします。

商は1.8、あまり0.1です。

❀　小数第一位まで計算して、あまりを出しましょう。

①
```
5)7.2
```

②
```
8)9.9
```

③
```
16)29.7
```

④
```
4)2.6
```

⑤
```
7)3.9
```

⑥
```
74)52.5
```

小数のかけ算・わり算 (8)

名前

🌸 わり切れるまで計算しましょう。

①

$$5\overline{\smash{)}3}$$

②

$$4\overline{\smash{)}2}$$

③

$$2\overline{\smash{)}1}$$

④

$$2\overline{\smash{)}5}$$

⑤

$$4\overline{\smash{)}6}$$

⑥

$$5\overline{\smash{)}7}$$

⑦

$$8\overline{\smash{)}2}$$

⑧

$$6\overline{\smash{)}21}$$

⑨

$$4\overline{\smash{)}17}$$

小数のかけ算・わり算 まとめ ⒄　名前

🌸　次の計算をしましょう。　　　　　　　　　　　（各 10 点）

①
$$\begin{array}{r} 2.8 \\ \times\quad 4 \\ \hline \end{array}$$

②
$$\begin{array}{r} 0.7 \\ \times\quad 7 \\ \hline \end{array}$$

③
$$\begin{array}{r} 5.4 \\ \times\quad 5 \\ \hline \end{array}$$

④
$$\begin{array}{r} 23.5 \\ \times\quad\ 6 \\ \hline \end{array}$$

⑤
$$\begin{array}{r} 4.3 \\ \times\ 73 \\ \hline \end{array}$$

⑥
$$\begin{array}{r} 7.2 \\ \times\ 86 \\ \hline \end{array}$$

⑦
$$\begin{array}{r} 5.9 \\ \times\ 48 \\ \hline \end{array}$$

⑧
$$4\,)\,\overline{\,34.4\,}$$

⑨
$$5\,)\,\overline{\,22.5\,}$$

⑩
$$35\,)\,\overline{\,6.65\,}$$

点

— 102 —

小数のかけ算・わり算 まとめ ⒅

名前

✿　次の計算をしましょう。　　　　　　　　　　　　（各10点）

①
```
    2.9
×     3
```

②
```
    0.5
×     6
```

③
```
    5.3
×     7
```

④
```
   47.5
×      8
```

⑤
```
    3.7
×   4 6
```

⑥
```
    6.8
×   7 4
```

⑦
```
    6.2
×   3 5
```

⑧
```
6)5 2.8
```

⑨
```
7)1 9.6
```

⑩
```
6 8)7 4.8
```

点

計算のきまり (1)

名前

$$● + □ = □ + ●$$

$$● + □ + △ = □ + △ + ●$$

$$● × □ = □ × ●$$

$$● × □ × △ = □ × △ × ●$$

たし算だけ、かけ算だけの計算のとき、じゅんじょを
入れかえても答えは同じです。

1 計算のじゅんじょを入れかえても答えは同じだということを
たしかめましょう。

① 　$20 + 30 =$　　　　② 　$30 + 20 =$

③ 　$8 × 9 =$　　　　④ 　$9 × 8 =$

2 くふうして計算しましょう。

① 　$35 + 28 + 65 =$

② 　$39 + 175 + 25 =$

③ 　$4 × 34 × 5 =$

④ 　$71 × 25 × 4 =$

⑤ 　$\underset{\substack{\shortparallel \\ 9 × 4}}{36} × 25 =$

計算のきまり (2)　　名前

たし算、ひき算、かけ算、わり算がまざっているときは、かけ算、わり算を先に計算します。

たし算やひき算を先にするときには、（　　）をつけます。

$●＋□×△$　　　$(●－□)÷△$

1　次の計算をしましょう。

① $3＋5×2＝$　　　② $(3＋5)×2＝$

③ $20－8÷4＝$　　④ $(20－8)÷4＝$

2　次の計算をしましょう。

① $3＋5×2＋4＝$

② $(3＋5)×(2＋4)＝$

③ $8－6÷3－1＝$

④ $(8－6)÷(3－1)＝$

3　次の計算をしましょう。

① $3×8＋12÷4＝$

② $3×(8＋12)÷4＝$

③ $20÷4－2×2＝$

④ $20÷(4－2)×2＝$

（　　）を使った計算には、次のきまりがあります。

$$\bigcirc \times \triangle + \square \times \triangle = (\bigcirc + \square) \times \triangle$$

1 次の計算をしましょう。

① $92 \times 4 + 8 \times 4 = (92 + 8) \times 4$

$$=$$

② $4.3 \times 3 + 1.7 \times 3 =$

③ $7 \times 3.3 + 3 \times 3.3 =$

④ $8 \times 25 + 8 \times 75 =$

2 次の計算をしましょう。

① $225 \times 4 = (200 + 25) \times 4$

$$=$$

② $127 \times 4 = (102 + 25) \times 4$

$$=$$

計算のきまり (4)

名前

> （　　）を使った計算には、次のきまりがあります。
> $\bigcirc \times \triangle + \square \times \triangle = (\bigcirc + \square) \times \triangle$

1 次の計算をしましょう。

① $37 \times 5 - 7 \times 5 = (37 - 7) \times 5$
$$= $$

② $29 \times 8 - 9 \times 8 = $

③ $5.7 \times 7 - 0.7 \times 7 = $

④ $5 \times 113 - 5 \times 13 = $

2 次の計算をしましょう。

① $99 \times 8 = (100 - 1) \times 8$
$$= $$

② $996 \times 25 = (1000 - 4) \times 25$
$$= $$

月　　日

1 次の計算をしましょう。　　　　　　　　　　　　　　　（各10点）

① $6 \times 20 + 30 =$

② $20 \times (31 - 6) =$

③ $15 + 5 \times 3 + 15 =$

④ $(52 - 4) \div (12 - 6) =$

⑤ $(58 + 2) \times 30 =$

2 くふうして計算しましょう。　　　　　　　　　　　　　（各10点）

① $498 \times 4 =$

② $24 \times 25 =$

③ $136 + 77 + 64 =$

④ $86 \times 45 + 14 \times 45 =$

⑤ $25 \times 36 =$

点

計算のきまり まとめ (20) 名前

1 □にあてはまる数をかきましょう。 (各5点)

① □ $+5=10$

② □ $-7=20$

③ □ $\times 8=40$

④ □ $\div 6=30$

⑤ $8+$ □ $=20$

⑥ $30-$ □ $=21$

⑦ $9\times$ □ $=72$

⑧ $63\div$ □ $=7$

2 □にあてはまる数をかきましょう。 (各10点)

① $8\times$ □ $-10=62$

② $7+$ □ $\div 6=15$

③ □ $\times 9\div 4=18$

④ $7\times$ □ $-4=66$

⑤ $32-$ □ $\div 5=27$

⑥ $8\times$ □ $\div 4=42$

点

2本の直線が直角に交わるとき、この2本の直線は 垂直（すいちょく）であるといいます。

2本の直線がはなれていたら、線をのばして考えます。

この2本の直線も垂直です。

✿ 点アを通って、直線Ａ（エー）に垂直な直線をかきましょう。

① 　　　　　　　　　　　　　②

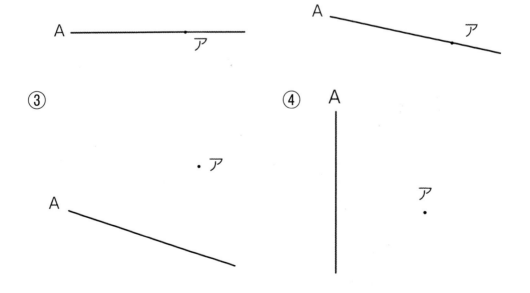

③ 　　　　　　　　　　　　　④

いろいろな四角形 (2)

名前

1本の直線（A）に垂直な2本の直線（ア、イ）は **平行** であるといいます。

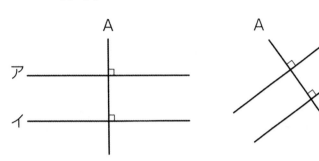

1 三角じょうぎを使って、正方形や長方形の向かいあった辺が平行かどうかについて、調べましょう。

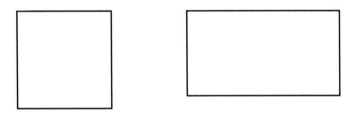

2 直線Aと直線Bは、平行です。この2本の直線に垂直な線をひきました。直線Aと直線Bのはばを調べましょう。

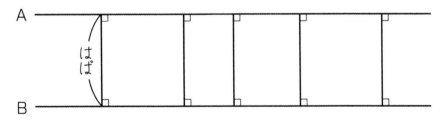

平行な2本の直線のはばは、どこも等しくなっています。
また、平行な直線どうしは、どこまでのばしても交わりません。

いろいろな四角形 (3)

名前

■ 点アを通って、直線Aに平行な直線をかきましょう。

① ア・

A ────────────

② A

・ア

③ A

・ア

④ A

ア・

2 直線Aと直線Bは、平行です。この2本の直線に交わる直線をひいて、角度を調べましょう。

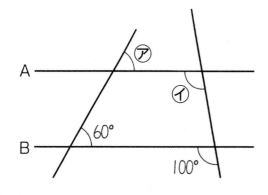

> 平行な直線は、ほかの直線と等しい角度で交わります。

㋐ (　　　　　)

㋑ (　　　　　)

いろいろな四角形 (4)　名前

向かいあった辺のうち、１組だけ平行な四角形を**台形**といいます。

向かいあった辺が２組とも平行な四角形を**平行四辺形**といいます。

■ 次の四角形を、台形と平行四辺形に分けましょう。

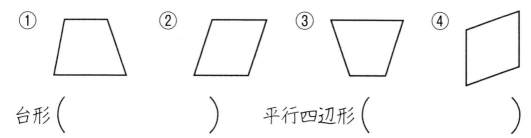

台形 (　　　　　　　　　)　　　平行四辺形 (　　　　　　　　　)

平行四辺形は、次のようになっています。
① 向かいあった辺の長さは等しい。
② 向かいあった角の大きさは等しい。

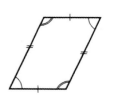

2 平行四辺形の辺の長さや角の大きさをかきましょう。

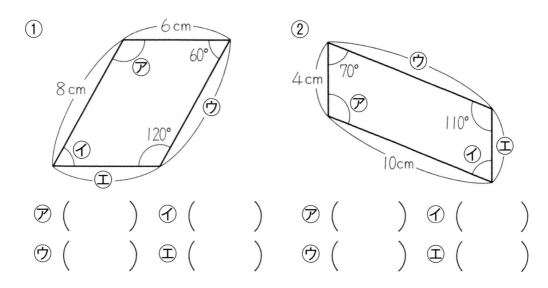

⑦ (　　　　) ⑦ (　　　　)　　　⑦ (　　　　) ⑦ (　　　　)

⑦ (　　　　) ⑦ (　　　　)　　　⑦ (　　　　) ⑦ (　　　　)

いろいろな四角形 (5)

1 続きをかいて、平行四辺形をしあげましょう。

平行四辺形のかき方

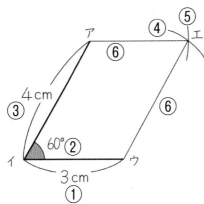

① イウ（3cm）の線をひく。

② イから60°をはかり、線をひく。

③ イアの長さを4cmにする。

④ ウから4cmのところにコンパスで印を
つける。

⑤ アから3cmのところにコンパスで印を
つける。

⑥ （④と⑤が交わったところがエになる。）
アエ、ウエをむすぶ。

2 次の平行四辺形をコンパスを使ってしあげましょう。

①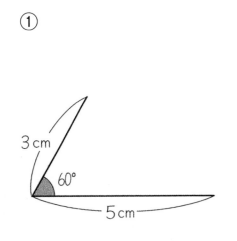

②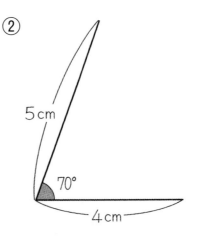

いろいろな四角形 (6)

名前

1 下のような台形を、右にかきましょう。

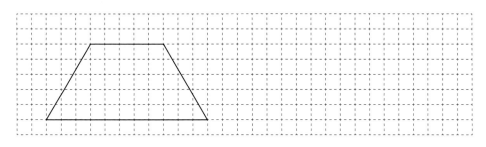

台形のかき方

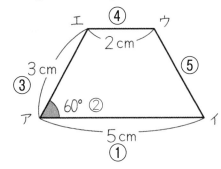

① アイ（5cm）の線をひく。
② 分度器で60°をはかり、印をつける。
③ アエを3cmにして線をひく。
④ アイに平行な直線エウを長さ2cmにしてひく。
⑤ ウとイをむすぶ。

2 次の台形をかきましょう。

①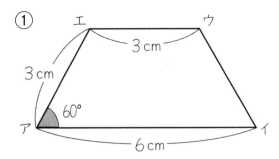

②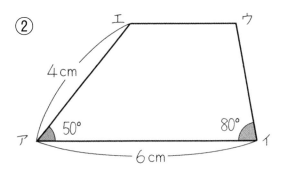

いろいろな四角形 (7)　名前

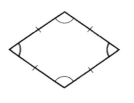

> 4つの辺の長さが、みな等しい四角形を、**ひし形** といいます。
> ひし形は、向かいあった角の大きさは等しく、向かいあった辺は平行です。

1 続きをかいて、ひし形をしあげましょう。

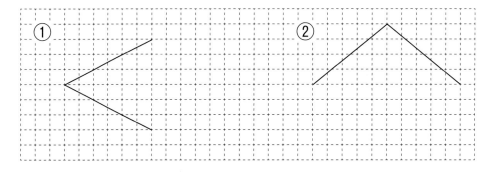

①　　　　　　　　　　　　　②

2 ひし形をかきましょう。

①　1辺が 4.5cm　　　　②　1辺が 3.5cm

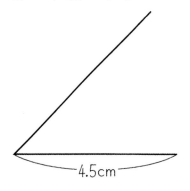

—4.5cm—

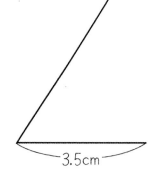

—3.5cm—

③　対角線の長さが
　　4cm と 6cm

いろいろな四角形 (8)

名前

1 次の四角形の名前を、（　　）にかきましょう。また、対角線をひきましょう。

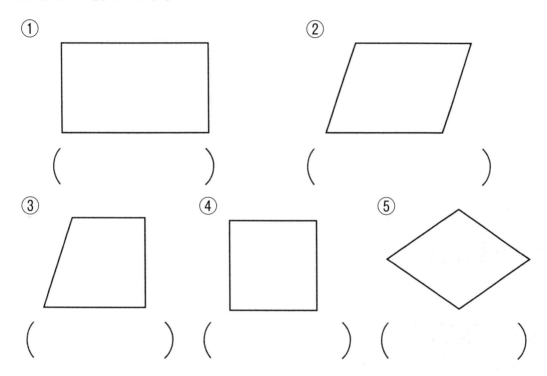

① （　　　　　）　　② （　　　　　）

③ （　　　　　）　④ （　　　　　）　⑤ （　　　　　）

2 次の表であてはまる四角形のらんに○をしましょう。

	長方形	正方形	平行四辺形	台形	ひし形
対角線の長さが同じ					
対角線が直角に交わる					

3 対角線が下の図のように同じ長さになっています。何という四角形ができるでしょう。

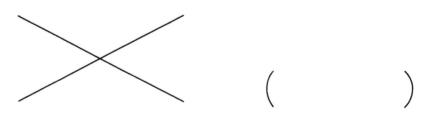

（　　　　　）

いろいろな四角形 まとめ (21) 名前

1 次の直線をかきましょう。 （各20点）

① 点アを通り直線イに垂直な直線

② 点アを通り直線イに平行な直線

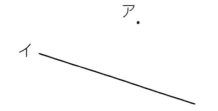

2 次の角度を求めましょう。 （各10点）

①

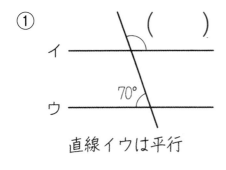

直線イウは平行

②

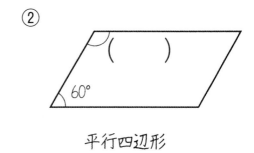

平行四辺形

3 次の長さを求めましょう。 （各10点）

①

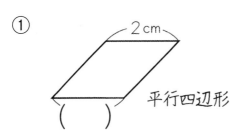

平行四辺形

②

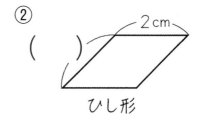

ひし形

4 2つの辺の長さが3cmと4cmで間の角が60°の平行四辺形をかきましょう。 （20点）

点

いろいろな四角形 まとめ (22)

名前

月　　日

1 図は、四角形の対角線です。ちょう点にあたるところを結んで四角形をかき、その名前を答えましょう。　　　（各20点）

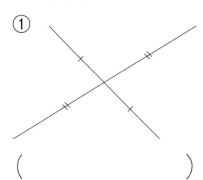

① ②

（　　　　　　　　） （　　　　　　　　　　　）

2 ⑦正方形、⑦長方形、⑦平行四辺形、⑦台形、⑦ひし形の中から、次のせいしつを持つものを記号でかきましょう。（各10点）

① 4つの角の大きさが等しい

答え _____

② 平行な辺が2組ある

答え _____

③ 平行な辺は1組だけ

答え _____

④ 向かいあった辺の長さが等しい

答え _____

⑤ 対角線の長さが等しい

答え _____

⑥ 対角線が直角に交わる

答え _____

点

-119-

立体図形 (1)

名前

長方形や正方形でかこまれた箱のような形を **直方体** といいます。

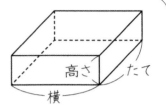

正方形だけでかこまれた、さいころのような形を **立方体** といいます。

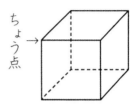

1 直方体、立方体の面、辺、ちょう点の数を右の表にかきましょう。

	面の数	辺の数	ちょう点の数
直方体			
立方体			

立体図形で、見えない部分を点線でかいたものを **見取図** といいます。

2 次の見取図を完成させましょう。

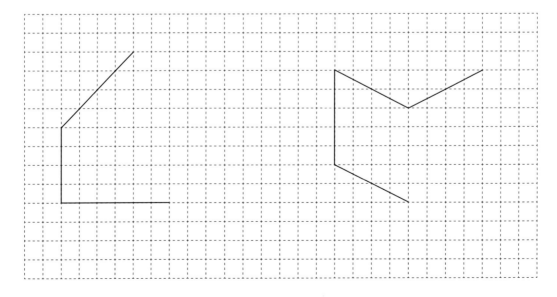

立体図形 (2)

名前

I 立体を辺にそって切り開いた図を
展開図 といいます。
　右の直方体の展開図をかきましょう。

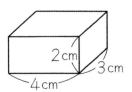

I cm

2 立方体の展開図として、正しいものに○をしましょう。

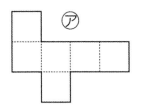

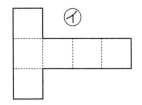

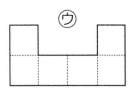

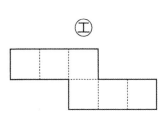

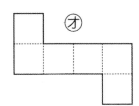

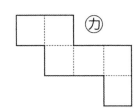

立体図形 (3)

名前

《辺と辺の関係》

辺アイと辺アカは **垂直** です。

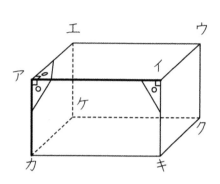

1 辺アカと垂直な直線を全部かき
ましょう。

　(辺　　　　)(辺　　　　)

　(辺　　　　)(辺　　　　)

辺アイと辺カキは **平行** です。

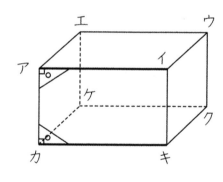

2 辺アカと平行な直線を全部かき
ましょう。

　　(　　　　　)

　　(　　　　　)

　　(　　　　　)

3 辺アイと平行な直線を全部かき
ましょう。

　　(　　　　　)

　　(　　　　　)

　　(　　　　　)

立体図形 (4)　名前

《面と辺の関係》

面⑧と辺イキは **垂直** です。

1　面⑥と垂直な辺を全部かきましょう。

（　　　　）（　　　　）
（　　　　）（　　　　）

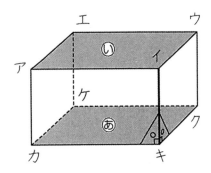

面⑧と辺アイは **平行** です。

2　面⑥と平行な辺を全部かきましょう。

（　　　　）（　　　　）
（　　　　）（　　　　）

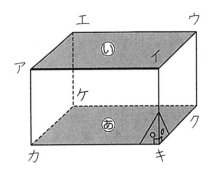

3　面⑧と平行な辺を全部かきましょう。

（　　　　）（　　　　）
（　　　　）（　　　　）

立体図形 (5)

名前

《面と面の関係》

面あと面うは **垂直** です。

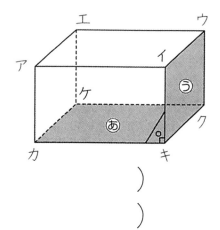

1 面アイウエと垂直な面を全部かきましょう。

(面　　　　　　) (面　　　　　　)
(面　　　　　　) (面　　　　　　)

面あと面いは **平行** です。

2 それぞれの面をかきましょう。

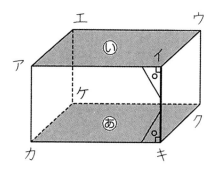

① 面アカキイと平行な面
(面　　　　　　)

② 面イキクウと平行な面
(面　　　　　　)

3 展開図を組み立てると、次の関係になる面に○をしましょう。

① あに垂直な面

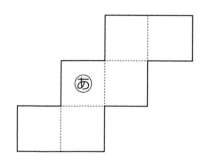

② いに平行な面

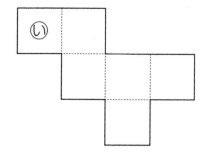

立体図形 (6) 位置の表し方　名前

平面上の位置は、垂直な関係の2組の数で表すことができます。

1 ㋐をもとにすると㋑の位置は（横2、たて3）と表せます。

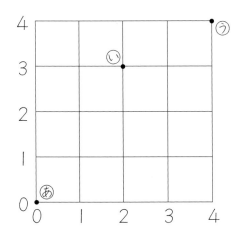

。㋒の位置を表しましょう。

（横　　　、たて　　　）

2 ㋐をもとにする場所として、マイクロホンの足㋑の位置を表しましょう。

（横　　　、たて　　　）

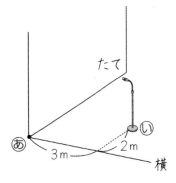

3 駅は、家からどの地点にありますか。

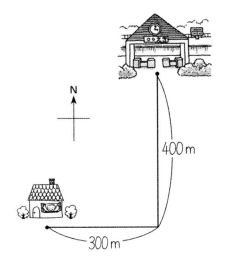

（　　　　　　　　　　　）

月　　日

1 直方体の展開図をかきましょう。 (15点)

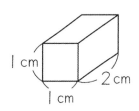

2 直方体を見て答えましょう。

① 辺アイに垂直な辺を全部
かきましょう。 (各5点)

（　　　　）（　　　　　）
（　　　　）（　　　　　）

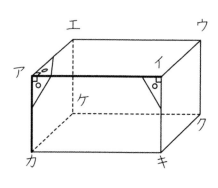

② 辺アカに平行な辺を全部かきましょう。 (各5点)

（　　　　）（　　　　　）（　　　　　）

③ 面カキクケに平行な面をかきましょう。 (10点)

（　　　　　　　　　）

④ 面カキクケに垂直な面をかきましょう。 (各10点)

（　　　　　　　　）　（　　　　　　　　）
（　　　　　　　　）　（　　　　　　　　）

点

立体図形 まとめ (24)

名前

1 直方体を見て答えましょう。

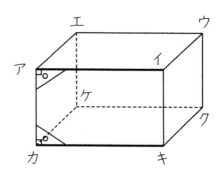

① 面アイウエに垂直な辺を
全部かきましょう。（各5点）

(　　　　) (　　　　　)

(　　　　) (　　　　　)

② 面アカケエに垂直な辺を全部かきましょう。 （各5点）

(　　　　) (　　　　　) (　　　　　) (　　　　)

③ 面アイウエに平行な面をかきましょう。 （15点）

(　　　　　　　　)

④ 面アカケエに平行な面をかきましょう。 （15点）

(　　　　　　　　)

2 マイクの位置を、⑦をもとに表しましょう。 （30点）

(横 　　　　　　 、

たて 　　　　　　 、

高さ 　　　　　　)

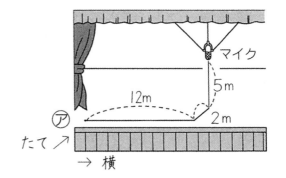

点

変わり方 (1)

名前

1 周りの長さが 18cm の長方形を作ります。たてと横の長さの変わり方を調べましょう。

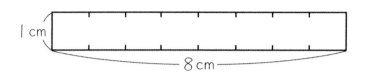

1 cm

8 cm

① たてと横の長さを、下の表にまとめましょう。

たての長さ (cm)	1	2	3	4	5	6	7	8
横 の 長 さ (cm)								

② たて（○）と横（△）をたすと、いつも同じ数になります。
   □ に数をかきましょう。

$$○＋△＝\boxed{}$$

2 1まい8円のシールを買います。シールのまい数とねだんの変わり方を調べましょう。

まい数 （まい）	1	2	3	4	5	6	7	8
ねだん （円）								

① 上の表を完成させましょう。

② まい数を○、ねだんを△にすると、次の式になります。
   □ に計算の記号をかきましょう。

$$8\boxed{}○＝△$$

③ シール 10 まいのとき、ねだんはいくらですか。

(　　　　　　　)

変わり方 (2)

名前

1 つよしさんとお父さんは、たん生日が同じで、2人の年れいは27さいちがいます。

つよしさんの年れい(さい)	0	1	2	3	4	5	6	7	8
お父さんの年れい(さい)									

① 上の表を完成させましょう。

② ◯◯◯ に数字を入れましょう。

　　◯　つよしさんの年れい
　　△　お父さんの年れい

$$○ + \boxed{} = △$$

③ つよしさんが20さいになったとき、お父さんは何さいですか。　　（　　　　　　）

2 1cmのぼうで、正三角形を作りました。正三角形の数と周りの長さとの関係（かんけい）を調べましょう。

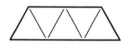

① 表にまとめましょう。

正三角形の数（こ）	1	2	3	4	5	6	7
周りの長さ(cm)							

② 式の ◯◯◯ にあてはまる数をかきましょう。

　　◯　正三角形の数
　　△　周りの長さ

$$○ + \boxed{} = △$$

③ 正三角形を10こ作ると、周りの長さは何cmですか。

　　　　　　　　（　　　　　　）

変わり方 (3)

名前

🌸 水そうに水がたまっていくようすを表にしました。

時　　間（分）	0	1	2	3	4	5	6	7	8	9
水の深さ（cm）	0	4	8	12	16	20	24	28	32	36

① 上の表をグラフに表しましょう。

② 1分ごとに水は、何cmふえていますか。

（　　　　　　　）

③ □に数字を入れましょう。

○ 時　　間
△ 水の深さ

□ ×○＝△

④ 20分後には、深さ何cmの水がたまっていますか。

（　　　　　　　）

水を入れる時間と
たまった水の深さ

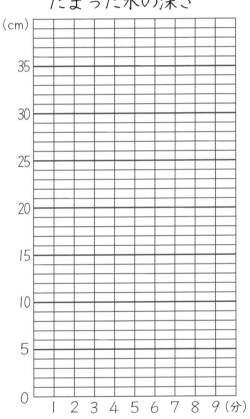

― 130 ―

変わり方 (4)

名前

1 マッチぼうを使って、絵のように四角形を作りました。
マッチぼうの数と四角形の数を表にまとめましょう。

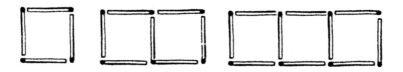

四角形の数（こ）	1	2	3					
マッチぼうの数（本）								

2

もえている時間（分）	0	1	2	3	4	5	6	7	8	9
ろうそくの長さ（cm）	22	21	20	19	18	17	16	15	14	13

① 上の表をグラフに表しましょう。

② 1分ごとに、ろうそくは何cm短くなっていますか。

（　　　　　）

③ ろうそくの長さと時間の関係を式にしましょう。

○　もえている時間
△　ろうそくの長さ　　（　　　　　）

④ ろうそくがもえてしまうには、何分かかりますか。

（　　　　　）

ろうそくの長さと時間

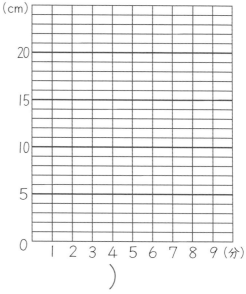

答え

[P. 3]
1 ② 一億二千五百十二万（人）
2 （しょうりゃく）
3 例 5200 7841 0000

[P. 4]
1 2 （しょうりゃく）

[P. 5]
① 75 6780 9214 0000
② 182 0595 0600 0000
③ 9750 0068 0005 0000
④ 7803 8000 0000 0000
⑤ 100 0000 0000 0000

[P. 7]
1

	千	百	十	一 兆	千	百	十	一 億
100 でわった数						2	7	5
10 でわった数					2	7	5	0
もとの数				2	7	5	0	0
10 倍			2	7	5	0	0	0
100 倍		2	7	5	0	0	0	0
1000 倍	2	7	5	0	0	0	0	0

2 ① 48兆4000億
　② 32兆5000億

[P. 8]
1 ① 1兆　　　② 10000（1万）
　③ 10000（1万）④ 2兆4000億
　⑤ 40兆3840億
2 ① 537 0300 0000
　② 6 0592 5000 0000
3 ① 78億　② 29兆　③ 25兆

[P. 9]
① 620億　　　② 530億
③ 7億2000万　④ 940万
⑤ 9250万　　　⑥ 120000（12万）
⑦ 1200億　　　⑧ 1200兆
⑨ 56兆　　　⑩ 82億

[P. 10]（…はあまりを表す）
① 7…2　② 6…1
③ 8…1　④ 7…1
⑤ 4…2　⑥ 5…1
⑦ 5…2　⑧ 3…3
⑨ 5…3　⑩ 6…2
⑪ 3…4　⑫ 5…5

[P. 11]
① 19　② 28　③ 15　④ 14
⑤ 24　⑥ 24　⑦ 49　⑧ 14

[P. 12]
① 29…2　② 39…1
③ 14…4　④ 13…3
⑤ 24…3　⑥ 13…1
⑦ 11…6　⑧ 11…2
⑨ 13…1　⑩ 13…1
⑪ 12…2　⑫ 12…2

[P. 13]
① 457…1　② 268…1
③ 249…1　④ 147…2
⑤ 146…3　⑥ 237…2

[P. 14]
① 218…2　② 115…2
③ 227…2　④ 116…2
⑤ 211…3　⑥ 437…1

[P. 15]
① 302…1　② 302…1
③ 205…3　④ 140…5
⑤ 150…3　⑥ 140…4

[P. 16]
① 109　　② 205
③ 104…3　④ 180…3
⑤ 110…4　⑥ 120
⑦ 406…1　⑧ 207…2
⑨ 180…2

[P. 17]
① 65 ② 68 ③ 96
④ 97 ⑤ 73 ⑥ 87

[P. 18]
① 75…5 ② 97…5 ③ 23…7
④ 67…2 ⑤ 34…6 ⑥ 45…2
⑦ 78…7 ⑧ 36…5 ⑨ 23…7

[P. 19]
① 40…3 ② 60…1 ③ 60…5
④ 50…4 ⑤ 70   ⑥ 90
⑦ 30…3 ⑧ 70…1 ⑨ 60…3
⑩ 70…7 ⑪ 50…3 ⑫ 70…5

[P. 20]
① 29…1 ② 37…1
③ 13…4 ④ 12…1
⑤ 249…2 ⑥ 146…2
⑦ 147…1

[P. 21]
① 87   ② 84
③ 95   ④ 64…1
⑤ 61…2   ⑥ 84…4
⑦ 120…1   ⑧ 120…2

[P. 22]
① 4 ② 3 ③ 3

[P. 23]
① 2   ② 3   ③ 4
④ 2   ⑤ 3   ⑥ 3
⑦ 2…4   ⑧ 6…1   ⑨ 2…2
⑩ 2…3   ⑪ 2…5   ⑫ 2…2

[P. 24]
① 5 ② 4

[P. 25]
① 7   ② 7
③ 4   ④ 4
⑤ 6…1   ⑥ 4…6

⑦ 9…4   ⑧ 6…1

[P. 26]
① 6 ② 8
③ 5 ④ 4
⑤ 8 ⑥ 6

[P. 27]
① 7…9   ② 8…15
③ 6…4   ④ 8…7
⑤ 6…3   ⑥ 5…5
⑦ 5…9   ⑧ 8…8

[P. 28]
① 7 ② 6 ③ 5 ④ 6
⑤ 7 ⑥ 7 ⑦ 7 ⑧ 5

[P. 29]
① 6…2   ② 7…16
③ 7…14   ④ 7…31
⑤ 7…27   ⑥ 6…21
⑦ 6…17   ⑧ 5…23

[P. 30]
① 9   ② 9
③ 9   ④ 9
⑤ 9…2   ⑥ 9…3

[P. 31]
① 8…24   ② 8…2
③ 8…25   ④ 8…9
⑤ 7…11   ⑥ 6…2

[P. 32]
① 15 ② 14
③ 12 ④ 14

[P. 33]
① 21…28   ② 23…4
③ 24…5   ④ 23…2
⑤ 23…12   ⑥ 33…2

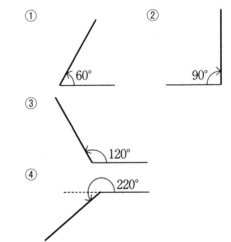

[P. 49]
① 30+90＝120   120°
② 30+45＝75   75°
③ ⓐ 90－45＝45   45°
    ⓘ 45－30＝15   15°
④ ⓐ 180－60＝120   120°
    ⓘ 180－45＝135   135°

[P. 50]
1 ① 65°   ② 130°
    ③ 240°   ④ 270°
2 ①

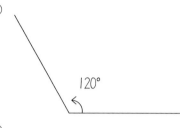

    ②

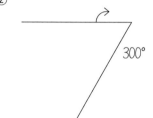

[P. 51]
1 ① 90°   ② 180°   ③ 360°
2 ① 45°   ② 90°   ③ 45°
    ④ 30°   ⑤ 90°   ⑥ 60°
3 ⓐ 180 － 60 ＝ 120   120°
    ⓘ 180 － 120 ＝ 60   60°
    ⓤ 90 － 30 ＝ 60   60°
    ⓔ 180 － 45 ＝ 135   135°

[P. 53]
1 ① 900   ② 800
    ③ 7800   ④ 8200
2 ① 2000   ② 5000
    ③ 25000   ④ 40000
3 ① 60000   ② 90000
    ③ 140000   ④ 500000

[P. 54]
1 ① 86000   ② 35000
    ③ 290000   ④ 450000
2 ① 457000   ② 235000
    ③ 527000   ④ 494000
3 イ, ウ, エ, オ に○をつける

[P. 55]
たかしさん

[P. 56]
1 ① 土曜日　35000人
        日曜日　29000人
    ② 35000 ＋ 29000 ＝ 64000
                         64000人
    ③ 35000 － 29000 ＝ 6000
                         6000人
2 ① 5000 と 4000
     和 9000　差 1000
    ② 50000 と 10000
     和 60000　差 40000

[P. 57]
1 ① 190 → 200, 39 → 40
     200 × 40 ＝ 8000   8000円
    ② 190 × 39 ＝ 7410   7410円
2   9500 → 10000, 47 → 50
     10000 ÷ 50 ＝ 200   200円
3 ① 4000×60＝240000
    ② 6000 ÷ 30 ＝ 200

[P. 58]
1 ① ×   ② ○   ③ ○
    ④ ○   ⑤ ×
2 ① 4500万人
    ② 6600万人
    ③ 9500万人
    ④ 1億2500万人
    ⑤ 1億2500万人

[P. 59]
1 ① 47 → 50, 148 → 150, 468 → 470
     50 ＋ 150 ＋ 470 ＝ 670   670円

② $47 + 148 + 468 = 663$ 663円
❷ ① 16000　② 3000
③ 1200000　④ 50

[P. 61]
❶ ① 4　② 2　③ 1
④ 9　⑤ 5
❷ ① 4　② 10　③ 25
❸

❹ ① 3.12　② 4.4　③ 1.88

[P. 62]
① 5.87　② 13
③ 8.54　④ 10.86
⑤ 9.091　⑥ 5
⑦ 5　⑧ 3.9

[P. 63]
① 5　② 0.21
③ 1.72　④ 4.89
⑤ 4.092　⑥ 4.287
⑦ 2.431　⑧ 2.05

[P. 64]
① $1m = \dfrac{4}{4}$ m

② $\dfrac{5}{4}$ m,　$\dfrac{6}{4}$ m,　$\dfrac{7}{4}$ m

[P. 65]
❶ 仮分数 ⑦ $\dfrac{6}{6}$　④ $\dfrac{8}{6}$　⑨ $\dfrac{10}{6}$

　帯分数 ④ $1\dfrac{2}{6}$　⑨ $1\dfrac{4}{6}$

❷ ① $2\dfrac{2}{3}$　② $2\dfrac{1}{6}$

③ $1\dfrac{3}{4}$　④ $1\dfrac{3}{7}$

⑤ $2\dfrac{3}{4}$　⑥ $2\dfrac{3}{8}$

⑦ $1\dfrac{3}{5}$　⑧ $3\dfrac{5}{6}$

[P. 66]
❶ ① $\dfrac{5}{4}$　② $\dfrac{7}{4}$

③ $\dfrac{11}{5}$　④ $\dfrac{23}{5}$

⑤ $\dfrac{17}{6}$　⑥ $\dfrac{19}{8}$

⑦ $\dfrac{23}{7}$　⑧ $\dfrac{41}{9}$

❷ 真分数 $\dfrac{2}{7}$, $\dfrac{7}{10}$

仮分数 $\dfrac{3}{3}$, $\dfrac{8}{6}$, $\dfrac{7}{7}$

帯分数 $1\dfrac{3}{5}$, $3\dfrac{5}{12}$

[P. 67]
❶ ① $\dfrac{2}{6} = \dfrac{3}{9} = \dfrac{4}{12}$

② $\dfrac{4}{6} = \dfrac{6}{9} = \dfrac{8}{12}$

❷ ① 2, 3, 4, 5
② 8, 12, 16, 20
③ 10, 15, 8, 25
④ 10, 18, 20, 30
⑤ 10, 21, 20, 35

[P. 68]
❶ ① $\dfrac{4}{3}$　② $\dfrac{11}{7}$

③ $\dfrac{6}{5}$　④ $\dfrac{15}{9}$

2 ① $\dfrac{5}{5} = 1$　　② $\dfrac{13}{8} = 1\dfrac{5}{8}$

③ $\dfrac{7}{7} = 1$　　④ $\dfrac{13}{9} = 1\dfrac{4}{9}$

⑤ $\dfrac{8}{4} = 2$　　⑥ $\dfrac{11}{8} = 1\dfrac{3}{8}$

⑦ $\dfrac{18}{6} = 3$　　⑧ $\dfrac{20}{10} = 2$

⑨ $\dfrac{16}{5} = 3\dfrac{1}{5}$　　⑩ $\dfrac{13}{3} = 4\dfrac{1}{3}$

〔P. 69〕

1 ① $\dfrac{4}{5}$　　② $\dfrac{4}{4} = 1$

③ $\dfrac{5}{6}$　　④ $\dfrac{6}{7}$

2 ① $\dfrac{8}{5} - \dfrac{4}{5} = \dfrac{4}{5}$

② $\dfrac{6}{4} - \dfrac{5}{4} = \dfrac{1}{4}$

③ $\dfrac{4}{3} - \dfrac{2}{3} = \dfrac{2}{3}$

④ $\dfrac{7}{5} - \dfrac{3}{5} = \dfrac{4}{5}$

⑤ $1\dfrac{10}{7} - \dfrac{4}{7} = 1\dfrac{6}{7}$

⑥ $1\dfrac{11}{9} - \dfrac{7}{9} = 1\dfrac{4}{9}$

⑦ $1\dfrac{10}{6} - \dfrac{5}{6} = 1\dfrac{5}{6}$

⑧ $1\dfrac{17}{10} - \dfrac{14}{10} = 1\dfrac{3}{10}$

〔P. 70〕

1 ① 40　　② 0.273

③ 3.674　　④ 1000

2 ① 8　　② 5.691

③ 4.076　　④ 0.095

〔P. 71〕

1 ① ＝　② ＞　③ ＝　④ ＜

2 真分数　$\dfrac{8}{9},\quad \dfrac{6}{7}$

仮分数　$\dfrac{15}{6},\quad \dfrac{9}{7}$

帯分数　$1\dfrac{1}{2},\quad 1\dfrac{3}{5}$

3 ① $1\dfrac{3}{8}$　　② 2

③ $\dfrac{9}{10}$　　④ $\dfrac{5}{7}$

⑤ 3　　⑥ $1\dfrac{5}{6}$

〔P. 72〕

1 あ

2 ① 1 cm²　　② 2 cm²

③ 5 cm²　　④ 2 cm²

⑤ 2 cm²

〔P. 73〕

① $2 \times 3 = 6$　　　　6 cm²

② $2 \times 5 = 10$　　　10 cm²

③ $3 \times 6 = 18$　　　18 cm²

④ $5 \times 4 = 20$　　　20 cm²

⑤ $8 \times 15 = 120$　　120 cm²

〔P. 74〕

① $4 \times 4 = 16$　　　　16 cm²

② $5 \times 5 = 25$　　　　25 cm²

③ $10 \times 10 = 100$　　100 cm²

④ $13 \times 13 = 169$　　169 cm²

⑤ $25 \times 25 = 625$　　625 cm²

〔P. 75〕

1 $7 \times 8 = 56$　　　56 m²

2 ① $5 \times 5 = 25$　　25 m²

② $5 \times 8 = 40$ $\quad\quad$ $40m^2$
③ $25 \times 10 = 250$ $\quad\quad$ $250m^2$
3 $100 \times 100 = 10000$
$\quad\quad$ $1 m^2 = 10000 cm^2$

〔P. 76〕
① $5 \times 5 = 25$, $3 \times 3 = 9$
$\quad\quad$ $25 + 9 = 34$ $\quad\quad$ $34cm^2$
② $7 \times 4 = 28$, $4 \times 6 = 24$
$\quad\quad$ $28 + 24 = 52$ $\quad\quad$ $52cm^2$
③ $2 \times 5 = 10$, $3 \times 8 = 24$
$\quad\quad$ $10 + 24 = 34$ $\quad\quad$ $34cm^2$
④ $3 \times 4 = 12$, $4 \times 10 = 40$
$\quad\quad$ $12 + 40 = 52$ $\quad\quad$ $52cm^2$

〔P. 77〕
① $5 \times 8 = 40$, $2 \times 3 = 6$
$\quad\quad$ $40 - 6 = 34$ $\quad\quad$ $34cm^2$
② $7 \times 8 = 56$, $5 \times 3 = 15$
$\quad\quad$ $56 - 15 = 41$ $\quad\quad$ $41cm^2$
③ $6 \times 10 = 60$, $3 \times 3 = 9$
$\quad\quad$ $60 - 9 = 51$ $\quad\quad$ $51cm^2$
④ $5 \times 12 = 60$, $2 \times 4 = 8$
$\quad\quad$ $60 - 8 = 52$ $\quad\quad$ $52cm^2$

〔P. 78〕
① $4 \times 10 = 40$, $(8 - 4) \times 4 = 16$
$\quad\quad$ $40 + 16 = 56$ $\quad\quad$ $56cm^2$
② $3 \times (13 - 9) = 12$, $7 \times 9 = 63$
$\quad\quad$ $12 + 63 = 75$ $\quad\quad$ $75cm^2$
③ $4 \times 4 = 16$, $4 \times (4 + 4 + 4) = 48$
$\quad\quad$ $16 + 48 = 64$ $\quad\quad$ $64cm^2$
④ $7 \times 10 = 70$, $2 \times 2 = 4$
$\quad\quad$ $70 - 4 = 66$ $\quad\quad$ $66cm^2$
⑤ $8 \times 8 = 64$, $3 \times 4 = 12$
$\quad\quad$ $64 - 12 = 52$ $\quad\quad$ $52cm^2$

〔P. 79〕
1 ① $64 \div 8 = 8$ $\quad\quad$ $8m$
$\quad$ ② $60 \div 10 = 6$ $\quad\quad$ $6m$
$\quad$ ③ $36 \div 6 = 6$ $\quad\quad$ $6m$
2 $72 \div 6 = 12$ $\quad\quad$ $12m$
3 $63 \div 7 = 9$ $\quad\quad$ $9m$

〔P. 80〕
1 ① $98 \div 7 = 14$, $14 - 8 = 6$ $\quad\quad$ $6m$
$\quad$ ② $6 \times 6 = 36$, $66 - 36 = 30$
$\quad\quad$ $30 \div 6 = 5$ $\quad\quad$ $5m$
$\quad$ ③ $8 + 5 = 13$
$\quad\quad$ $104 \div 13 = 8$ $\quad\quad$ $8m$
2 $162 \div 2 = 81$
$\quad$ $9 \times 9 = 81$ なので，1辺$9m$
3 $168 \div 3 = 56$
$\quad$ $56 \div 8 = 7$ $\quad\quad$ $7m$

〔P. 81〕
1 $30 \times 40 = 1200$
$\quad$ $1200m^2 = 12a$ $\quad\quad$ $1200m^2$, $12a$
2 $60 \times 90 = 5400$
$\quad$ $5400m^2 = 54a$ $\quad\quad$ $5400m^2$, $54a$

〔P. 82〕
1 $400 \times 500 = 200000$
$\quad$ $200000m^2 = 20ha$ $\quad$ $200000m^2$, $20ha$
2 $900 \times 1200 = 1080000$
$\quad$ $1080000m^2 = 108ha$
$\quad$ $1080000m^2$, $108ha$

〔P. 83〕
1 $2 \times 3 = 6$ $\quad\quad$ $6km^2$
2 $5 \times 10 = 50$ $\quad\quad$ $50km^2$
3 $1000 \times 1000 = 1000000$
$\quad$ $1 km^2 = 1000000m^2$

〔P. 84〕
1 ① $7 \times 5 = 35$ $\quad\quad$ $35cm^2$
$\quad$ ② $10 \times 10 = 100$ $\quad\quad$ $100cm^2$
$\quad$ ③ $6 \times 8 = 48$ $\quad\quad$ $48m^2$
$\quad$ ④ $30 \times 30 = 900$ $\quad\quad$ $900m^2$
$\quad$ ⑤ $4 \times 4 = 16$ $\quad\quad$ $16km^2$
2 $75a = 7500m^2$
$\quad$ $7500 \div 3 = 2500$
$\quad$ $50 \times 50 = 2500$ より1辺の長さは$50m$

〔P. 85〕
① $3 \times 6 = 18$, $3 \times 11 = 33$
$\quad\quad$ $18 + 33 = 51$ $\quad\quad$ $51cm^2$

② 　2×3＝6，4×8＝32
　　　6＋32＝38　　　　　　38cm²
③ 　6×10＝60，3×3＝9
　　　60−9＝51　　　　　　51cm²
④ 　5×12＝60，2×4＝8
　　　60−8＝52　　　　　　52cm²
⑤ 　（6−1）×（8−1）＝5×7＝35
　　　　　　　　　　　　　35cm²

〔P. 86〕
① 　教室の温度（6月1日調べ）
② 　時こく
③ 　温度
④ 　1度
⑤ 　午後2時
⑥ 　午後2時
⑦ 　午前11時～12時

〔P. 87〕
① 　午後2時
② 　午後3時
③ 　午後2時
④ 　気温
⑤ 　㋐　午後1時～2時（水温）
　　　㋑　午前10時～11時（気温）
　　　㋒　午後3時～4時（気温）

〔P. 88〕
③
〔度〕（①気温調べ（1月15日））

（②）9 10 11 12 1 2 3 4 5〔時〕　午前　午後

〔P. 89〕

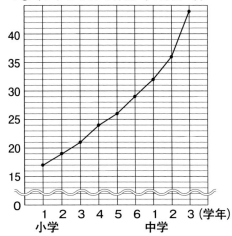

(kg)（ゆうきさんの体重（4月調べ））

① 　ありません
② 　しばらくはふえ続けると予想できる

〔P. 90〕
①
学年別けがの人数

学年	人数（人）	
	正の字	数字
1 年	正一	6
2 年	下	3
3 年	正丁	7
4 年	正一	6
5 年	下	3
6 年	正	5
合 計	30	

②
けがの種類別人数

けがの種類	人数（人）	
	正の字	数字
すりきず	正 正 下	13
切りきず	下	3
だ ぼ く	正一	6
ね ん ざ	丁	2
つ き 指	正	4
鼻 血	丁	2
合 計	30	

〔P. 91〕

1

	姉 いる	姉 いない	合計
兄 いる	8 (人)	5	㋐ 13
兄 いない	7	9	㋑ 16
合計	㋒ 15	㋓ 14	㋔ 29

① 8人　　② 13人
③ 15人　　④ 9人
⑤ 29人

2

	妹 いる	妹 いない	合計
弟 いる	3	4	7
弟 いない	4	4	8
合計	7	8	15

① 3人　　② 4人

〔P. 92〕

1
① 晴れの日と雨の日の1日の気温の変化
② 晴れの日
③ 晴れの日，午後2時
雨の日，午後1時から2時

2
① ○　② ×
③ ×　④ ○

〔P. 93〕

1
①
けがの種類と場所

種類／場所	教室	ろうか	体育館	運動場	合計
すりきず	3	2	2	6	㋐13
切りきず	2	1	0	0	㋑3
だぼく	1	1	2	2	㋒6
ねんざ	0	0	0	2	㋓2
つき指	1	0	1	2	㋔4
鼻血	0	1	0	1	㋕2
合計	㋖7	㋗5	㋘5	㋙13	㋚30

② すりきずが多い、運動場が多い、
鼻血は少ない など

2
①

	二回目 入った	二回目 はずれ	合計
一回目 入った	15	18	㋐ 33
一回目 はずれ	13	10	㋑ 23
合計	㋒ 28	㋓ 28	㋔ 56

② 2回とも入った人が15人いた
1回だけ入った人が31人いた
2回とも入らなかった人は10人 など

〔P. 94〕
① 6.5　② 9.6　③ 8.7
④ 6.3　⑤ 6.4　⑥ 3.5

〔P. 95〕
① 6　　② 9　　③ 3
④ 772　⑤ 143　⑥ 380
⑦ 18.8　⑧ 20.7　⑨ 13

〔P. 96〕
① 108.8　② 520.8　③ 546
④ 110.5　⑤ 167.9
⑥ 22.701　⑦ 13.3

〔P. 97〕
① 2.5　② 8.6　③ 8.8
④ 0.8　⑤ 0.8　⑥ 0.4

〔P. 98〕
① 1.2　② 2.2
③ 1.3　④ 1.1
⑤ 0.4　⑥ 0.4

〔P. 99〕
① 4.6　　② 3.7
③ 0.65　④ 0.57
⑤ 0.076　⑥ 0.069

〔P. 100〕 （…はあまりを表す）
① 1.4…0.2　② 1.2…0.3
③ 1.8…0.9　④ 0.6…0.2

⑤ 0.5…0.4　⑥ 0.7…0.7

[P. 101]
① 0.6　② 0.5　③ 0.5
④ 2.5　⑤ 1.5　⑥ 1.4
⑦ 0.25　⑧ 3.5　⑨ 4.25

[P. 102]
① 11.2　② 4.9
③ 27　④ 141
⑤ 313.9　⑥ 619.2
⑦ 283.2　⑧ 8.6
⑨ 4.5　⑩ 0.19

[P. 103]
① 8.7　② 3
③ 37.1　④ 380
⑤ 170.2　⑥ 503.2
⑦ 217　⑧ 8.8
⑨ 2.8　⑩ 1.1

[P. 104]
1 ① 50　② 50
③ 72　④ 72
2 ① $100 + 28 = 128$
② $39 + 200 = 239$
③ $20 \times 34 = 680$
④ $71 \times 100 = 7100$
⑤ $9 \times 100 = 900$

[P. 105]
1 ① 13　② 16
③ 18　④ 3
2 ① 17　② 48
③ 5　④ 1
3 ① 27　② 15
③ 1　④ 20

[P. 106]
1 ① 400　② 18
③ 33　④ 800
2 ① 900　② 508

[P. 107]
1 ① 150　② 160
③ 35　④ 500
2 ① 792　② 24900

[P. 108]
1 ① $120 + 30 = 150$
② $20 \times 25 = 500$
③ $15 + 15 + 15 = 45$
④ $48 \div 6 = 8$
⑤ $60 \times 30 = 1800$
2 ① $(500 - 2) \times 4 = 2000 - 8$
$= 1992$
② $6 \times 4 \times 25 = 6 \times 100$
$= 600$
③ $(136 + 64) + 77 = 277$
④ $(86 + 14) \times 45 = 4500$
⑤ $25 \times 4 \times 9 = 100 \times 9$
$= 900$

[P. 109]
1 ① 5　② 27
③ 5　④ 180
⑤ 12　⑥ 9
⑦ 8　⑧ 9
2 ① 9　② 48
③ 8　④ 10
⑤ 25　⑥ 21

[P. 110]
① 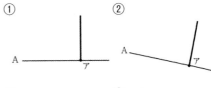　②

③ 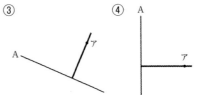　④

〔P. 111〕
1 **2** （しょうりゃく）

〔P. 112〕
1 ①
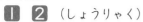
②
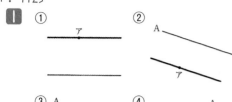

③ A
④ A
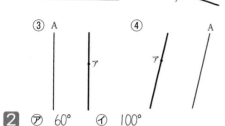

2 ⑦ 60° ⑦ 100°

〔P. 113〕
1 台形 ①, ③ 平行四辺形 ②, ④
2 ① ⑦ 120° ⑦ 60°
　　　 ⑦ 8cm ⑨ 6cm
　　② ⑦ 110° ⑦ 70°
　　　 ⑦ 10cm ⑨ 4cm

〔P. 114〕
1
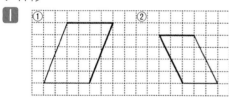

2 ① ②
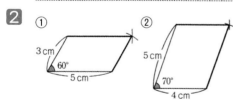
3cm 60° 5cm
5cm 70° 4cm

〔P. 115〕
1 **2** （しょうりゃく）

〔P. 116〕
1 ① ②
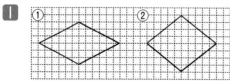

2 ①
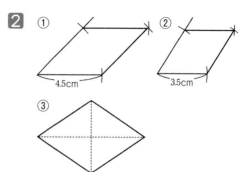
4.5cm
②
3.5cm
③

〔P. 117〕
1

① （長方形） ② （平行四辺形）
③ （台形） ④ （正方形） ⑤ （ひし形）

2

	長方形	正方形	平行四辺形	台形	ひし形
対角線の長さが同じ	○	○			
対角線が直角に交わる		○			○

3

長方形

〔P. 118〕
1 ① ②

2 ① 110° ② 120°
3 ① 2cm ② 2cm
4
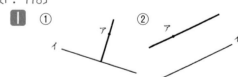
3cm 60° 4cm

〔P. 119〕
1 ①

平行四辺形

②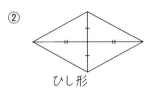
ひし形

2 ① ⑦, ①
　② ⑦, ①, ⑦, ⑦
　③ ①
　④ ⑦, ①, ⑦, ⑦
　⑤ ⑦, ①
　⑥ ⑦, ⑦

〔P. 120〕
1

	面の数	辺の数	ちょう点の数
直方体	6	12	8
立方体	6	12	8

2

〔P. 121〕
1
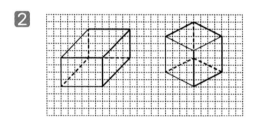

2 ⑦, ①, ①, ⑦, ⑦

〔P. 122〕
1 辺アイ, 辺アエ, 辺カキ, 辺カケ
2 辺イキ, 辺ウク, 辺エケ
3 辺カキ, 辺ケク, 辺エウ

※文字の順番はちがっていても, その辺
　や面を表すことがわかればよいです。

〔P. 123〕
1 辺アカ, 辺イキ, 辺ウク, 辺エケ
2 辺カキ, 辺キク, 辺クケ, 辺カケ
3 辺アイ, 辺アエ, 辺イウ, 辺ウエ

〔P. 124〕
1 面アイキカ　　面イウクキ
　　面ウエケク　　面エアカケ
2 ① 面エケクウ　② 面アカケエ
3
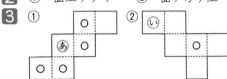

〔P. 125〕
1 (横4, たて4)
2 (横3m, たて2m)
3 (東300m, 北400m)

〔P. 126〕
1
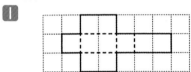

2 ① 辺アカ, 辺アエ, 辺イキ, 辺イウ
　② 辺イキ, 辺イウク, 辺エケ
　③ 面アイウエ
　④ 面アカキイ, 面イキクウ
　　面ウクケエ, 面エケカア

〔P. 127〕
1 ① 辺アカ, 辺イキ
　　　辺ウク, 辺エケ
　② 辺アイ, 辺カキ
　　　辺ケク, 辺エウ
　③ 面カキクケ
　④ 面イキクウ
2 横12m, たて2m, 高さ5m

〔P. 128〕
1 ①

たての長さ (cm)	1	2	3	4	5	6	7	8
横の長さ (cm)	8	7	6	5	4	3	2	1

　② ○+△=9

2 ①

まい数（まい）	1	2	3	4	5	6	7	8
ねだん（円）	8	16	24	32	40	48	56	64

② $8 \times \bigcirc = \triangle$

③ $8 \times 10 = 80$　　　80円

〔P. 129〕

1 ①

つよしさん の年れい（さい）	0	1	2	3	4	5	6	7	8
お父さん の年れい（さい）	27	28	29	30	31	32	33	34	35

② $\bigcirc + 27 = \triangle$

③ $20 + 27 = 47$　　　47さい

2 ①

正三角形の数（こ）	1	2	3	4	5	6	7
周りの長さ（cm）	3	4	5	6	7	8	9

② $\bigcirc + 2 = \triangle$

③ $10 + 2 = 12$　　　12cm

〔P. 130〕

①

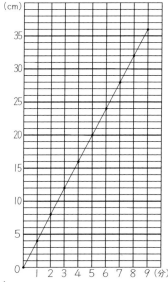

水を入れる時間と
たまった水の深さ

② 4cm

③ $4 \times \bigcirc = \triangle$

④ $4 \times 20 = 80$　　　80cm

〔P. 131〕

1

四角形の数（こ）	1	2	3	4	5	6	7	8	9
マッチぼうの数（本）	4	7	10	13	16	19	22	25	28

2 ①

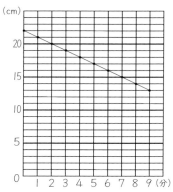

ろうそくの長さと時間

② 1cm

③ $\bigcirc + \triangle = 22$ $(22 - \bigcirc = \triangle)$

④ 22分